巻頭図説 3分でつかむ
リーマン予想が解けなかった3つの理由

リーマン予想はなぜ未解決問題なのか

(1) リーマン予想が「ゼータのわかりやすい因数分解を求めること」であることが理解されていなかった。▶対策:第1章
(2) ゼータの零点の練習が十分でなかった。▶対策:第2章、第5章、第7章、第8章
(3) 解決に必要な視点の変換ができなかった。▶対策:第10章

今年がリーマン予想の研究開始にふさわしい3つの理由

(1) リーマン予想の研究は、1914年のハーディ論文とボーア・ランダウ論文で本格化した。今年はちょうど100周年。(参照 ▶第3章)
(2) 絶対ゼータ・数力が準備できた。(参照 ▶第4章)
(3) ゼータの量子化・古典化がわかってきた。(参照 ▶第6章、第9章)

リーマン予想の年表

1859年 ▼ リーマン予想提出

1914年 ▼ リーマン予想研究本格化
　　　　　ハーディ論文、ボーア・ランダウ論文

2014年 ▼ リーマン予想新年

本書のスローガン

ゼータの因数分解

$$Z(s) = \prod_a (s-a)^{m(a)}$$

を、1735年三角関数のときにオイラーが示した

$$\sin x = x\left(1 - \frac{x^2}{1^2\pi^2}\right)\left(1 - \frac{x^2}{2^2\pi^2}\right)\left(1 - \frac{x^2}{3^2\pi^2}\right)\cdots$$

という因数分解(参照 ▶第3章、第10章)のレベルまでわかりやすくしよう!

本書の読み方

本書はリーマン予想解決練習場です。
各章の関係は次の図のようになっています。

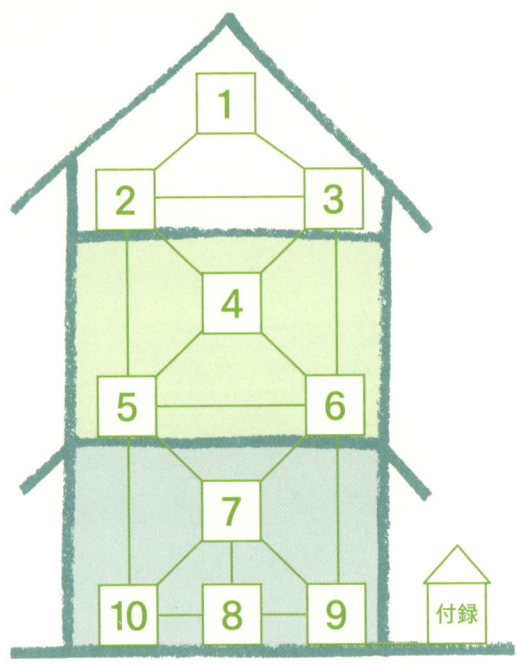

上部の空中から1章、2章、3章という第Ⅰ部「リーマン予想研究」に降りて、4章、5章、6章という第Ⅱ部「数力研究」に進み、7章、8章、9章、10章という第Ⅲ部「ゼータ研究」に至ります。これですっかり、あなたも専門家です。リーマン予想を解いてください。

- よ　予想の研究
- そ　空から降りて
- う　上から下へ
- と　止まらず走り
- い　いつかあなたも
- て　鉄人だ

知の扉
シリーズ

黒川信重

新ゼータと因数分解からのアプローチ

リーマン予想を解こう

技術評論社

はじめに

この本は、中学生や高校生くらいの若い人がリーマン予想を解けるように成長することを目標にしています。

リーマン予想は数学最大の難問として有名なものですが、1859年にリーマンが提出してから、150年以上解けていません。数学七大問題の一つとして1億円（100万ドル）の賞金も付いています。

リーマン予想とは、種々のゼータ $Z(s)$ の零点（値0）や極（値∞）に関する予想です。その核心は

$$Z(s) = \prod_a (s-a)^{m(a)}$$

という『わかる因数分解』を求めることにあります。ここで、『わかる』と特に断っているのは、零点 a（$m(a)=1,2,3,\cdots$ のとき）や極 a（$m(a)=-1,-2,-3,\cdots$ のとき）たちが、**よくわかるもの**になっていることが重要なためです。

リーマン予想に関する現在までの研究では、抽象的な因数分解のレベルまでしかできていないために、a たちが**よくわかるものになっていない**ので、リーマン予想の解決に至っていません。三角関数のようにわかりたいものです（第3章）。

本書では、零点や極をよくわかるための問題を解きながら、いろいろな研究法を練習していきます。たとえば、

$$Z(s) = 1 - 2^{-s} - 3^{-s} + 4^{-s} - 5^{-s} + 6^{-s} + 7^{-s} - 8^{-s}$$

としたとき、$Z(0)=Z(-1)=Z(-2)=0$ を示したり、その拡張を考えたりします（第7章の問題）。問題の程度もいろいろですので、順番通りでなくても、興味に従って読み進めてください。

また、リーマン予想に必須となる解析接続を長めの第2章でていねいに説明しました。これは、基本となるリーマンゼータ

$$\zeta(s) = 1 + 2^{-s} + 3^{-s} + 4^{-s} + 5^{-s} + 6^{-s} + 7^{-s} + 8^{-s} + \cdots\cdots$$

の場合を含んでいます。積分を使わずに2項展開のみで行っています。特に、超弦理論・量子力学でも話題のゼータ等式 $\zeta(-1)=-\dfrac{1}{12}$、つまり、"$1+2+3+\cdots$"$=-\dfrac{1}{12}$ を厳密に証明しました。

もちろん、リーマン予想は150年間未解決の難問ですので、簡単には解けません。この本を土台に、しっかり**明るく**頑張ってください。皆さんの健闘を祈ります。時間はたっぷりあります。

私は、これまで50年程の間、リーマン予想を研究してきました。この時代は、ゼータも数力に至らない原始的な研究の時代と見られるかもしれません。今世紀に入って、ゼータも『絶対ゼータ＝数力』のレベルに至りましたので、そろそろ解けてもいい頃です。

この本は、半世紀前の私への手紙でもあります。

2014年1月2日　　　　　　　　　　　　　　　黒川信重

はじめに　2

第I部　リーマン予想研究

第1章　リーマン予想と因数分解：零点って何？　7

1.1　分解すること……8
1.2　リーマン予想……12
1.3　簡単なゼータ：数力……14
1.4　零点と因数分解……16
1.5　一般的なリーマン予想……18

第2章　リーマン予想を解析接続：零点ほしい　21

2.1　解析接続とは……22
2.2　解析接続の例……27
2.3　リーマンゼータの解析接続……30
2.4　三角数ゼータの解析接続……40
2.5　変化させてみよう……46

第3章　リーマン予想の解き方：零点をさがそう　57

3.1　リーマン予想の簡単な歴史……58
3.2　リーマン予想について知られていること……81
3.3　リーマン予想の解き方3通り……84
3.4　合同ゼータと絶対ゼータ……89
3.5　リーマン予想の証明法（A）：絶対ゼータ・数力……99
3.6　リーマン予想の証明法（B）：合同ゼータ……104
3.7　リーマン予想の証明法（C）：深リーマン予想……106

第II部　数力研究

第4章　数力：新世紀ゼータ　111

4.1　数力……112
4.2　数力の例……113
4.3　関数等式の証明……115
4.4　$a = (\omega, \cdots, \omega)$ の場合……118
4.5　$a = (a_1, a_2, a_3)$ の場合……122
4.6　p-数力……127

第5章　逆数力：反対に見たら　133

5.1　リーマン予想と逆関数……134
5.2　根を求めること……136

5.3 逆関数と逆写像……141
5.4 逆数力……146

第6章 古典化：絶対ゼータ　153

6.1 問題……154
6.2 問題攻略……156
6.3 問題の核心：古典化……158
6.4 解決編……159
6.5 発展……160

第III部　ゼータ研究

第7章 整数零点の規則：どんどんふやそう　165

7.1 問題：整数零点……166
7.2 問題攻略……168
7.3 問題設定……172
7.4 問題の核心：多項式版……173
7.5 解決編……175

第8章 虚の零点に挑もう：こわくない虚数　183

8.1 問題……184
8.2 問題攻略……185
8.3 問題の核心：オイラー積……186
8.4 問題解決……189
8.5 発展……191

第9章 量子化で考える：q類似　195

9.1 考える問題：q-完全数……196
9.2 問題の変形：水晶完全数……203
9.3 問題の核心—qを求めること—……204
9.4 問題の解決：どんなものも完全……205

第10章 逆転しよう：ひっくりかえすと楽しい　211

10.1 問題：逆転……212
10.2 問題攻略……217
10.3 問題の解決：L関数による表示……223
10.4 別の解法：オイラー数……226

付録　数学研究法　232
あとがき　236
索引　237

リーマン予想に対する
これまでのゼータ研究とこれからのゼータ研究のイメージ図

大木に例えると今までは地上の部分だけを見て調べていました。これからは大木の根の深いところまで調べていきます。そうすると、リーマン予想が解けるかも・・・!?

今までのゼータ研究
$\overline{Z}\cdots\cdots\cdots Z$

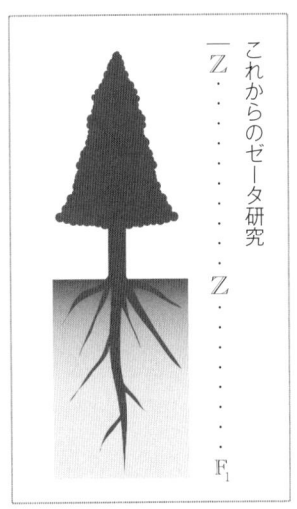

これからのゼータ研究
$\overline{Z}\cdots\cdots\cdots Z\cdots\cdots\cdots F_1$

第I部 リーマン予想研究

リーマン予想と因数分解:
零点って何?

第1章

リーマン予想は、数学最大の難問と呼ばれる超有名な未解決問題です。それは「ゼータの零点」という難しそうなものについての予想であることは知られていても、その本当の内容が「因数分解」であることは、まったく伝わっていません。ここでは、因数分解の話から思い出していきます。それが、零点の正体なのです。

1.1 分解すること

ものごとを基本的なものに分解して調べることの代表が**因数分解**です。数学で「分解」と言うときに気を付けないといけないことは、バラバラにするだけではダメなことです。それら分解されてでてくるもの全体によって、もとのものを表現できていることが必要です。単に分解と呼ぶより**分解統合**と言ったほうが誤解がないかもしれません。数学の分解では、因数分解（多項式や関数の因数分解など）でも、素因数分解（自然数を素数に分解：$12 = 2 \times 2 \times 3$ など）でも、そうなっています。ゼータの話で重要なオイラー積分解（第 2 章はじめ）もそうです。

図で描いてみましょう。

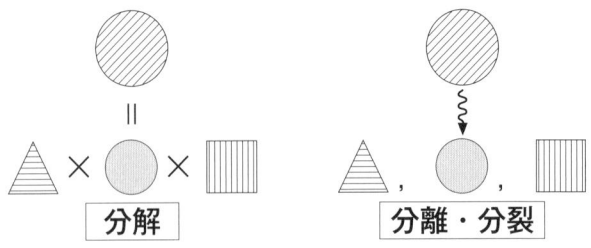

左側が、ここで分解と呼ぶもので、もとのものを分解したもので表現（再現）しています。一方、右側は、もとのものを分解してバラバラにしただけですので、分離・分裂というのが適切でしょう。2011年3月11日以来、日本で深刻になっている原子炉で原子を分解したときのように、分離・分裂は、長期間にわたるとりかえしのつかない重大な問題を引き起こします。

　言葉を換えると、分解後について全責任を持つということが、ここで分解と呼んでいるものです。

　数学の分解の起源は、紀元前500年頃に「素因数分解」がピタゴラス学派によって発見されたときです。ちなみに、少し遅れて「原子論」（ものを原子に分解すること）もデモクリトスによって発見されました。「原子（アトム）」とは「分解できないもの」というギリシャ語ア・トムです。素因数分解はゼータの中心に位置していますが、発見から2500年後の現代社会でも情報セキュリティの基礎として使われています。

　さて、通常の因数分解は中学校で学習しますが、

$$x^2-3x+2 = (x-1)(x-2),$$
$$x^2-2x-3 = (x+1)(x-3),$$
$$x^2-1 = (x-1)(x+1),$$
$$x^2+1 = (x-i)(x+i)$$

などです。ここでは、実数だけでなく複素数も使いました。iは$i^2 = -1$となる虚数単位です。どのように因数分解できる

か見つける("目の子"や"目の子算"と言います)のはクイズのようで楽しいものです。

複素数まで使うと

$$x^2+ax+b = (x-\alpha)(x-\beta)$$

と因数分解でき、2次方程式の根の公式によって、

$$\begin{cases} \alpha = \dfrac{-a+\sqrt{a^2-4b}}{2} \\ \beta = \dfrac{-a-\sqrt{a^2-4b}}{2} \end{cases}$$

となることも知っているでしょう。

もっと一般に、**ガウスの定理(代数学の基本定理**、1800年頃)によって、n 次多項式も

$$x^n+a_{n-1}x^{n-1}+\cdots+a_1x+a_0 = (x-\alpha_1)(x-\alpha_2)\cdots(x-\alpha_n)$$

と複素数 $\alpha_1,\cdots,\alpha_n$ によって因数分解できることが証明されています。ここで、$a_0, a_1,\cdots,a_{n-1}$ も複素数で大丈夫です。

ただし、具体的に与えられた $a_0 \sim a_{n-1}$ に対して $\alpha_1 \sim \alpha_n$ を求めることは簡単ではありません。それは n 次方程式

$$x^n+a_{n-1}x^{n-1}+\cdots+a_0 = 0$$

の根(解)$\alpha_1 \sim \alpha_n$ を求める問題と言っても良いですし、多項

式 $x^n + a_{n-1}x^{n-1} + \cdots + a_0$ の零点（値が 0 になるところ）$a_1 \sim a_n$ を求める問題と言っても同じことです。

　ガウスの定理は、抽象的な因数分解が可能と主張している定理です。$a_1 \sim a_n$ が「わかる」とは言っていません。数学では、このような定理を「存在定理」と呼びます。

　これに対して、「4 次方程式までは根の公式があり、5 次以上の方程式には根の公式はない」という話を耳にした人も多いでしょう。こちらは、存在定理を問題にしているのではなく、$a_1 \sim a_n$ を $a_0 \sim a_{n-1}$ から具体的に書いた公式のことを考えています。簡単に「わかる因数分解」と言ったらよいでしょう。

　ふつうは、加（＋）、減（－）、乗（×）、除（÷）の四則演算と m 乗根記号 $\sqrt[m]{\ }$（平方根は $\sqrt{\ } = \sqrt[2]{\ }$）まで使った公式を考えます。すると、驚いたことに、そのような公式は 5 次以上では作れないことが証明できます。これは、5 次以上では公式が見つかっていない、という弱い話ではなくて、不可能であることが証明できるという強い主張です。不可能であることが証明できるというのは数学の特長です。

　この辺は、アーベル（1802-1829）やガロア（1811-1832）が 1820 年〜 1830 年に詳しく研究しました。現在では『ガロア理論』というテーマにまとめられています。たとえば、次を読んでください：

・小島寛之『**天才ガロアの発想力**』技術評論社，2010 年

・アルティン『**ガロア理論入門**』ちくま学芸文庫，2010年

1.2 リーマン予想

　リーマン予想は多項式をゼータにして因数分解を考えるものです。つまり、ゼータ $Z(s)$ に対して"よくわかる因数分解"を求めなさい、という問題です。この場合、抽象的な因数分解が存在することまではリーマンによって知られています（1850年代）。

　リーマン予想をこのように理解することは、残念ながら、専門家でもできていません。『ガロア理論』より深いところに至るので無理もないのでしょう。皆さんは、この本を読んで専門家を追い越しましょう。

　なお、ゼータ $Z(s)$ の"よくわかる因数分解"とは、具体的に書きますと、

$$Z(s)=\prod_{a}(s-a)^{m(a)}$$

という因数分解に出てくる複素数 a が"良くわかるもの"という意味です（因数分解では零点と極以外は省いておきます）。三角関数はゼータの仲間ですが、その場合には、第3章で説明する通り因数分解もすっかりよくわかっています。次の本も読んでください：

・黒川信重『現代三角関数論』岩波書店，2013年

　ゼータというものは、今までに無限個見つかっています。その代表的なものがリーマンゼータと呼ばれる

$$\zeta(s) = 1^{-s}+2^{-s}+3^{-s}+4^{-s}+5^{-s}+6^{-s}+7^{-s}+8^{-s}+\cdots$$

です。$\zeta(s)$ の場合のリーマン予想とは「虚の零点 a ($m(a)$ = 1,2,3,…) の実部 $\mathrm{Re}(a)$ は 1/2 であろう」という予想です。もちろん、よくわかる因数分解ができていれば、そこに出てくる a もよくわかるため実部が 1/2 かどうかなど簡単にわかるはずです。

　ただし、リーマン予想を $\zeta(s)$ に対して考えるためには $\zeta(s)$ をすべての複素数 s に対して定義すること——解析接続と言います——が必要です。これについては第2章を見てください。

　リーマン予想の先には、a の虚部 $\mathrm{Im}(a)$ もよくわかるということ——一般に「深リーマン予想」と呼ばれます——も待っています。それについては、第3章と次の本を見てください：

・黒川信重『リーマン予想の探求：ABCからZまで』技術評論社,2012年
・黒川信重『リーマン予想の先へ』東京図書,2013年

　入門には前者がわかりやすいでしょう。知られていることの詳しい証明は後者に入っています。

1.3　簡単なゼータ：数力

ゼータの因数分解に慣れるために、簡単な問題をやってみましょう。

問題 1

$$Z(s) = \frac{s^2 - s + \dfrac{1}{4}}{s^2 - s}$$

を因数分解してから、零点を求めなさい。

解答

$$s^2 - s + \frac{1}{4} = \left(s - \frac{1}{2}\right)^2,$$

$$s^2 - s = s(s-1)$$

より

$$Z(s) = \frac{\left(s - \dfrac{1}{2}\right)^2}{s(s-1)}.$$

したがって、零点は $\dfrac{1}{2}$. 　　　　　　　　　　【解答終】

このときは、零点の実部も $\dfrac{1}{2}$ です。リーマンゼータ $\zeta(s)$ のときも、これくらいの感じで零点の実部が $\dfrac{1}{2}$ とよくわかれば、

うれしいわけです。

いま、$a_1, a_2, a_3, \cdots$ と複素数が与えられたときに

$$\zeta_{(a_1)}(s) = \frac{s}{s-a_1},$$

$$\zeta_{(a_1, a_2)}(s) = \frac{(s-a_1)(s-a_2)}{(s-a_1-a_2)s} = \zeta_{(a_1)}(s)^{-1} \zeta_{(a_1)}(s-a_2),$$

$$\zeta_{(a_1, a_2, a_3)}(s) = \frac{(s-a_1-a_2)(s-a_2-a_3)(s-a_3-a_1)s}{(s-a_1-a_2-a_3)(s-a_1)(s-a_2)(s-a_3)}$$

$$= \zeta_{(a_1, a_2)}(s)^{-1} \zeta_{(a_1, a_2)}(s-a_3),$$

…

という"ゼータ"を考えます。本書では、このような"ゼータ"を、だんだんと「**数力**」と呼ぶことにします（第4章参照）。問題1の

$$Z(s) = \frac{(s-\frac{1}{2})^2}{(s-1)s}$$

は、ちょうど

$$Z(s) = \zeta_{(\frac{1}{2}, \frac{1}{2})}(s)$$

となっていることに注意しましょう。これが（完備化された）リーマンゼータの「おもちゃ版」であることを徐々に説明していきます。

1.4 零点と因数分解

零点と因数分解について多項式の場合に確認しておきましょう。それは「因数定理」と呼ばれるものです。

因数定理

多項式 $f(x)$ と複素数 a について、次が成り立つ：

a は $f(x)$ の零点 $\Leftrightarrow$ $f(x)$ は $x-a$ という因数をもつ。

【証明】

左側は $f(a) = 0$ を言っていて、右側は

$$f(x) = (x-a)f_1(x)$$

の形に分解することを言っていることに注意します。

いま、

$$f(x) = c_0 + c_1 x + c_2 x^2 + \cdots + c_m x^m$$

としておきますと

$$f(a) = c_0 + c_1 a + c_2 a^2 + \cdots + c_m a^m$$

です。したがって

$$\begin{aligned} f(x)-f(a) &= c_1(x-a)+c_2(x^2-a^2)+\cdots+c_m(x^m-a^m) \\ &= (x-a)\{c_1+c_2(x+a)+\cdots+c_m(x^{m-1}+x^{m-2}a+\cdots+a^{m-1})\} \end{aligned}$$

となります。ここで、因数分解

$$x^2-a^2 = (x-a)(x+a),$$

$$x^3-a^3 = (x-a)(x^2+ax+a^2),$$
$$\vdots$$
$$x^m-a^m = (x-a)(x^{m-1}+ax^{m-2}+\cdots+a^{m-1})$$

を用いました。

よって、$f(a) = 0$ なら

$$f(x) = (x-a)\, f_1(x)$$

の形です。詳しくは

$$f_1(x) = c_1+c_2(x+a)+\cdots+c_m(x^{m-1}+x^{m-2}a+\cdots+a^{m-1})$$

です。

また、

$$f(x) = (x-a)\, f_1(x)$$

の形になっていれば

$$f(a) = 0 \cdot f_1(a)$$
$$= 0$$

です。

【証明終】

　より一般の関数に対しても"因数定理"が成り立ちますが、それは、たとえば『関数論』というテーマの本などに出ていますので、興味のある人は調べてみてください。

1.5 一般的なリーマン予想

一般的なリーマン予想とは、ゼータ $Z(s)$ に対して、$Z(s)$ が

$$Z(s) = \prod_{\substack{a \\ \mathrm{Re}(a) \in \frac{1}{2}\mathbb{Z}}} (s-a)^{m(a)}$$

と因数分解できるというものです。ただし、積は適当に正規化しておきます。ここで、a は実部 $\mathrm{Re}(a)$ が

$$\frac{1}{2}\mathbb{Z} = \{0, \pm\frac{1}{2}, \pm 1, \pm\frac{3}{2}, \pm 2, \cdots\}$$

に属している複素数を動きます。

これらの a は $Z(s)$ の

$$\begin{cases} 零点 : m(a) = 1, 2, 3, \cdots \\ 極 \ \ : m(a) = -1, -2, -3, \cdots \end{cases}$$

を動いているわけです。

深いリーマン予想とは、その虚部 $\mathrm{Im}(a)$ の分布についても言及するもの(つまり、$\mathrm{Re}(a)$ の情報だけで終わらないもの)を言います。固有名詞として「深リーマン予想」と言うときには、ゼータを決めるオイラー積が関数等式の中心で漸近収束していることを意味します(第3章参照)。

リーマンゼータ $\zeta(s)$ の場合には a は

$$a = \begin{cases} 1：極 \\ \rho：0＜\mathrm{Re}(\rho)＜1 \text{ の（虚）零点} \\ -2,\ -4,\ -6,\cdots：実零点 \end{cases}$$

という3種に分類されます。リーマン予想は$\mathrm{Re}(\rho)=\dfrac{1}{2}$と同値です：1, −2, −4, −6,…は条件をすでにみたしていますので。

　このようにリーマン予想を一般化しておく理由は、リーマンゼータ$\zeta(s)$でさえ、条件"$\mathrm{Re}(s)=\dfrac{1}{2}$"には〝例外零点−2, −4, −6,…"が存在して除かねばなりませんでしたが、複雑なゼータになってきますと一般には、どれを除くべきか判然としません。また、$Z(s)$と$1/Z(s)$はともにゼータとして問題なく考えることができますので、**"零点"と"極"を同時にリーマン予想の対象とする**のが自然なのです。

リーマン予想と解析接続：
零点ほしい

第2章

リーマン予想のもともとの形は、リーマンゼータ

$$\zeta(s) = 1^{-s} + 2^{-s} + 3^{-s} + 4^{-s} + 5^{-s} + \cdots$$
$$= \sum_{n=1}^{\infty} n^{-s}$$

の零点 ―― $\zeta(s) = 0$ となる s のこと ―― は実部が $\frac{1}{2}$ となる複素数になるだろう、というものでした。

ただし、誤解しやすいのですが、この予想は2つの点に注意が必要です。

（1）$\zeta(s)$ に「解析接続」を行った後の関数に対する予想であること。

（2）$s = -2, -4, -6, -8, \cdots$という例外となる零点があること。

どちらに対しても解析接続を理解することが必要です。ここでは、解析接続を簡単に解説します。解析接続しない限り $\zeta(s)$ の零点は出てこないのです。

2.1 解析接続とは

リーマン予想を正しく知るには、解析接続を勉強する必要があります。リーマンゼータは

$$\zeta(s) = \sum_{n=1}^{\infty} n^{-s}$$

$$= 1^{-s} + 2^{-s} + 3^{-s} + 4^{-s} + 5^{-s} + \cdots$$

と書かれますが、これが意味のあるのは複素数 s の実部が 1 より大きいときのみです。それ以外の s に対しては解析接続を行ったものを $\zeta(s)$ と書いています。一般的に解析接続の前と後では全く異なる値になります。

たとえば、解析接続をした後では

$$\zeta(-2) = 0$$

ですが ——つまり -2 は $\zeta(s)$ の零点です—— 解析接続をしないで、そのまま $s = -2$ とおくと

$$1^2 + 2^2 + 3^2 + 4^2 + 5^2 + \cdots$$

となって、これは無限大（∞）です。解析接続をしていることをわかりやすく示すために

$$\zeta(-2) = \text{``}1^2 + 2^2 + 3^2 + 4^2 + 5^2 + \cdots\text{''}$$
$$= 0$$

という書き方をすることもあります。

もう一例としては、解析接続をした後では

$$\zeta(-1) = -\frac{1}{12}$$

です。つまり、

$$\zeta(-1) = \text{``}1 + 2 + 3 + 4 + 5 + \cdots\text{''}$$
$$= -\frac{1}{12}$$

です。解析接続をしないで、そのまま $s = -1$ とおくと

$$\zeta(-1) = 1 + 2 + 3 + 4 + 5 + \cdots$$

となって、無限大です。

なお、

$$\text{``}1 + 2 + 3 + 4 + 5 + \cdots\text{''} = -\frac{1}{12}$$

という式はオイラーが1748年に発見したのですが、数学以外でも活躍しています。たとえば、量子力学のカシミール力（真空エネルギー）の計算や（超）弦理論の時空次元の計算に使われます。後者については次の本を見てください：

大栗博司『大栗先生の超弦理論入門：九次元世界にあった究極の理論』講談社ブルーバックス，2013年8月．

この本（p.100, p.112）はオイラーの公式

$$"1 + 2 + 3 + 4 + 5 + \cdots" = -\frac{1}{12}$$

を見た私の感想を

「数学者の黒川信重は『滝に打たれたような衝撃である』と評しています」

と紹介しています。また付録（p.281〜286）にオイラーの公式が成り立つ理由を 2 通りに解説してあります。ここで 3 番目の解説をつけるとすると、次のようになるでしょう。これは"わかりやすくて正確な"導出法です（通常のように、解析接続を行って順次値を求める方法は後を見てください）。

x＞0 に対して

$$\sum_{n=1}^{\infty} n e^{-nx} = \frac{e^{-x}}{(1-e^{-x})^2}$$

$$= \frac{1}{(e^{\frac{x}{2}} - e^{-\frac{x}{2}})^2}$$

となりますので、$x = 0$ の近くでの展開（ローラン展開と呼びます）を行うと

$$\sum_{n=1}^{\infty} n e^{-nx} = \frac{1}{x^2} + \left(-\frac{1}{12}\right) + \frac{1}{240} x^2 + \cdots$$

となって、正規化された値として求めるものは定数項（x^0 の項）の $-\dfrac{1}{12}$ です。この方法は $\sum\limits_{n=1}^{\infty} n^2 e^{-nx}$ に対して行うと定数項が 0 となり、この場合にも

$$"1^2 + 2^2 + 3^2 + 4^2 + 5^2 + \cdots" = 0$$

となって正しい答えを与えます。

　解析接続を基礎から学ぶには『複素関数論』（単に『関数論』とも呼びます）を扱った本を読んでください。今まで述べたように、ゼータの研究には必須ですので、マスターしてください。わかりやすい解説書としては

一松信『**留数解析**』共立出版，1979年

をおすすめします。要点がコンパクトにまとまっている良い本です。また、ゼータの研究で重要となるスターリングの公式

$$n! \sim \sqrt{2\pi}\, n^{n+\frac{1}{2}} e^{-n} \quad (n \to \infty),$$

つまり

$$\lim_{n \to \infty} \frac{n!}{n^{n+\frac{1}{2}} e^{-n}} = \sqrt{2\pi}$$

の詳しい証明（黒川信重の方法 ── 私が高校生のときに発見したものを『数学セミナー』NOTEに発表── と注意されて

います）も入っています。このスターリングの公式は、$\zeta(s)$ を解析接続した後の $s=0$ における微分の値が

$$\zeta'(0) = -\log(\sqrt{2\pi})$$

となることと同値です：同じ $\sqrt{2\pi}$ が出ているのがヒントになっています。これは、次のようにも書けます：

$$\text{``}1 \times 2 \times 3 \times \cdots\text{''} = \sqrt{2\pi}.$$

2.2 解析接続の例

$\zeta(s)$ よりずっとやさしい関数で解析接続を練習しましょう。いま、$\text{Re}(s) > 1$ に対して

$$Z(s) = 1 + s^{-1} + s^{-2} + s^{-3} + \cdots$$
$$= 1 + \frac{1}{s} + \frac{1}{s^2} + \frac{1}{s^3} + \cdots$$

と定義された関数を考えます。これは、等比級数です。

$\text{Re}(s) > 1$ のときは、絶対値 $|s| > 1$ ですので

$$Z(s) = \frac{1}{1-s^{-1}} = \frac{s}{s-1}$$

となります。なお、複素数

$$s = a + ib \quad (a, b \text{ は実数})$$

の絶対値は

$$|s| = \sqrt{a^2 + b^2}$$

です。今の場合は $a > 1$ なので、$|s| > 1$ となります。

このようにして得られた式

$$Z(s) = \frac{s}{s-1}$$

は $Z(s)$ をすべての複素数へと解析接続した形です。たとえば、

$$Z\left(\frac{1}{2}\right) = \frac{\frac{1}{2}}{\frac{1}{2}-1} = -1$$

となります。解析接続する前の等比級数のままでは

$$1 + \left(\frac{1}{2}\right)^{-1} + \left(\frac{1}{2}\right)^{-2} + \left(\frac{1}{2}\right)^{-3} + \cdots$$
$$= 1 + 2 + 4 + 8 + \cdots$$
$$= \infty$$

となって、解析接続後の正しい値 -1 とはかけ離れたものになっています。

なお、$Z(s)$ は第1章の数力記号では

$$Z(s) = \zeta_{(1)}(s) = \frac{s}{s-1}$$

となっていることに注意しておきましょう。問題をやってみましょう。

問題 2A

> $\mathrm{Re}(s) > 1$ において
>
> $$Z(s) = 1 + (2s-1)^{-2} + (2s-1)^{-4} + (2s-1)^{-6} + \cdots$$
> $$= 1 + \frac{1}{(2s-1)^2} + \frac{1}{(2s-1)^4} + \frac{1}{(2s-1)^6} + \cdots$$
>
> と定義された関数を解析接続しなさい。

解答

$\mathrm{Re}(s) > 1$ ならば $|2s-1| > 1$

が成立つ。実際、$s = a + ib \; (a > 1)$ とすると

$$|2s-1| = \sqrt{(2a-1)^2 + b^2} \geqq 2a-1 > 1.$$

したがって、等比級数の和は

$$Z(s) = \frac{1}{1-(2s-1)^{-2}} = \frac{(2s-1)^2}{(2s-1)^2-1} = \frac{(2s-1)^2}{4s^2-4s} = \frac{\left(s-\frac{1}{2}\right)^2}{(s-1)s}$$

となる。この形

$$Z(s) = \frac{\left(s-\frac{1}{2}\right)^2}{(s-1)s} = \zeta_{(\frac{1}{2},\frac{1}{2})}(s)$$

が求める解析接続となる。

【解答終】

　このように、すべての s に対する表示を与えることが解析接続です。解析接続の方法はいろいろあったとしても結果は同じ関数になります。

2.3　リーマンゼータの解析接続

　リーマンゼータ $\zeta(s)$ の解析接続をやってみましょう。いろいろな方法が知られていますが、普通は、積分表示を使います。ここでは積分を使わない方法を紹介します。

　2項展開を用います。2項展開というのは

$$(1+x)^a = \sum_{k=0}^{\infty} \binom{a}{k} x^k$$

という展開（テーラー展開の特別の場合）です。ここで、

$$\binom{a}{k} = \frac{a(a-1)\cdots(a-k+1)}{k!}$$

が2項係数で、${}_a C_k$ とも書かれます。たとえば、

$$\binom{a}{0}=1,\ \binom{a}{1}=a,\ \binom{a}{2}=\frac{a(a-1)}{2},\ \binom{a}{3}=\frac{a(a-1)(a-2)}{6}$$

です。

2項展開は、$a=1$ なら、

$$\binom{1}{k} = \begin{cases} 1 \cdots k=0 \\ 1 \cdots k=1 \\ 0 \cdots k \geqq 2 \end{cases}$$

なので、

$$(1+x)^1 = 1 + x,$$

$a=2$ なら

$$\binom{2}{k} = \begin{cases} 1 \cdots k=0 \\ 2 \cdots k=1 \\ 1 \cdots k=2 \\ 0 \cdots k \geqq 3 \end{cases}$$

なので

$$(1+x)^2 = 1 + 2x + x^2,$$

$a=3$ なら

$$\binom{3}{k} = \begin{cases} 1 \cdots k=0 \\ 3 \cdots k=1 \\ 3 \cdots k=2 \\ 1 \cdots k=3 \\ 0 \cdots k \geqq 4 \end{cases}$$

なので

$$(1+x)^3 = 1 + 3x + 3x^2 + x^3$$

を意味していて、よく知っている形になっています。

このような、a が自然数のときは有限個の和の形になっていますが、一般の複素数 a に対しても、x が $|x|<1$ となる複素数なら2項展開が成り立っていることが知られています。ただし、一般には無限和の形です。たとえば、$a=-1$ なら

$$\binom{-1}{k} = \frac{(-1)(-2)\cdots(-k)}{k!}$$
$$= (-1)^k$$

で、

$$(1+x)^{-1} = 1 - x + x^2 - x^3 + x^4 - \cdots$$

です。また、$a=-2$ なら

$$\binom{-2}{k} = \frac{(-2)(-3)\cdots(-k-1)}{k!}$$
$$= (-1)^k(k+1)$$

となり、

$$(1+x)^{-2} = 1 - 2x + 3x^2 - 4x^3 + 5x^4 - \cdots$$

です。なお、ここで $x=1$（$|x|<1$ でないといけませんので形式的な計算です）とすると、

$$\frac{1}{4} = \text{``}1 - 2 + 3 - 4 + 5 - \cdots\text{''}$$

となり、自然に期待される変形

"$1 - 2 + 3 - 4 + 5 - \cdots$"

= "$1 + 2 + 3 + 4 + 5 + \cdots$" -2 "$2 + 4 + 6 + \cdots$"

= "$1 + 2 + 3 + 4 + 5 + \cdots$" -4 "$1 + 2 + 3 + \cdots$"

= -3 "$1 + 2 + 3 + \cdots$"

より
$$\text{``}1 + 2 + 3 + \cdots\text{''} = -\frac{1}{12}$$

として $\zeta(-1) = -\dfrac{1}{12}$ を推測する方法はオイラーが発見したものですが、2.1節で紹介した大栗さんの本の付録に説明されています。

さて、2項展開を使ってリーマンゼータ

$$\zeta(s) = 1 + 2^{-s} + 3^{-s} + 4^{-s} + 5^{-s} + \cdots$$

の解析接続をしましょう。要点は

$$\zeta(s) = 1 + 2^{-s} + \sum_{n=3}^{\infty} n^{-s}$$

$$= 1 + 2^{-s} + \sum_{n=2}^{\infty} (n+1)^{-s}$$

$$= 1 + 2^{-s} + \sum_{n=2}^{\infty} n^{-s} \left(1+\frac{1}{n}\right)^{-s}$$

において

$$0 < \frac{1}{n} \leqq \frac{1}{2} \quad (n=2,\ 3,\cdots)$$

となるので、2項展開

$$\left(1 + \frac{1}{n}\right)^{-s} = \sum_{k=0}^{\infty} \binom{-s}{k} \left(\frac{1}{n}\right)^{k}$$

$$= \sum_{k=0}^{\infty} \binom{-s}{k} n^{-k}$$

が使えることです。この2項展開を代入してみますと

$$\zeta(s) = 1 + 2^{-s} + \sum_{n=2}^{\infty} n^{-s} \left(\sum_{k=0}^{\infty} \binom{-s}{k} n^{-k} \right)$$

$$= 1 + 2^{-s} + \sum_{k=0}^{\infty} \binom{-s}{k} \left(\sum_{k=2}^{\infty} n^{-s-k} \right)$$

$$= 1 + 2^{-s} + \sum_{k=0}^{\infty} \binom{-s}{k} (\zeta(s+k)-1)$$

となって、リーマンゼータをずらしたものの間の関係式（漸化式）ができました。具体的に書きますと

$$\zeta(s) = 1 + 2^{-s} + (\zeta(s)-1) - s(\zeta(s+1)-1)$$

$$+ \frac{s(s+1)}{2}(\zeta(s+2)-1) - \frac{s(s+1)(s+2)}{6}(\zeta(s+3)-1)$$

$$+ \frac{s(s+1)(s+2)(s+3)}{24}(\zeta(s+4)-1) + \cdots$$

となります。よく見ますと、両辺に現れている$\zeta(s)$が打ち消し合いますので、$\zeta(s+1)$, $\zeta(s+2)$, $\zeta(s+3)$, …の関係式です。そこで、$-s(\zeta(s+1)-1)$の項を左辺にもっていくと

$$s(\zeta(s+1)-1) = 2^{-s} + \frac{s(s+1)}{2}(\zeta(s+2)-1) - \frac{s(s+1)(s+2)}{6}(\zeta(s+3)-1)$$

$$+ \frac{s(s+1)(s+2)(s+3)}{24}(\zeta(s+4)-1) + \cdots$$

となります。

　見やすくするために、sを$s-1$におきかえて

$$(s-1)(\zeta(s)-1) = 2^{1-s} + \frac{(s-1)s}{2}(\zeta(s+1)-1)$$

$$- \frac{(s-1)s(s+1)}{6}(\zeta(s+2)-1) + \frac{(s-1)s(s+1)(s+2)}{24}(\zeta(s+3)-1) + \cdots$$

という関係式になります。さらに、両辺を $s-1$ で割って整理しますと

$$\zeta(s) = 1 + \frac{2^{1-s}}{s-1} + \frac{s}{2}(\zeta(s+1)-1) - \frac{s(s+1)}{6}(\zeta(s+2)-1)$$
$$+ \frac{s(s+1)(s+2)}{24}(\zeta(s+3)-1) + \cdots$$

という関係式が得られます。

これが、$\zeta(s)$ の解析接続を与える関係式（漸化式）です。一般項の形まで具体的に書きますと

$$☆\, \zeta(s) = 1 + \frac{2^{1-s}}{s-1} + \sum_{k=1}^{\infty}(-1)^{k-1}\frac{s(s+1)\cdots(s+k-1)}{(k+1)!}(\zeta(s+k)-1)$$

です。

この関係式☆から解析接続は次のようにわかります。まず、$\mathrm{Re}(s) > 0$ まで $\zeta(s)$ を解析接続することは、関係式☆の右辺に現れている $s+k$ に対して

$$\mathrm{Re}(s+k) = \mathrm{Re}(s) + k \geq \mathrm{Re}(s) + 1 > 1$$

となるため $\zeta(s+k)$ が定義されていることからわかります。つまり、$\zeta(s)$ は $\mathrm{Re}(s) > 0$ においては☆の右辺で計算できます。

たとえば、$s=1$ のところは

$$\lim_{s\to 1}(s-1)\zeta(s) = 1$$

がわかります。そのためには☆の両辺に $s-1$ をかけて

$$(s-1)\zeta(s) = 2^{1-s}+(s-1)\left\{1+\sum_{k=1}^{\infty}(-1)^{k-1}\frac{s(s+1)\cdots(s+k-1)}{(k+1)!}\right.$$

$$\left.\times(\zeta(s+k)-1)\right\}$$

としておいてから $s\to 1$ とすればよいのです。右辺は

$$\begin{cases}\lim_{s\to 1}2^{1-s}=1\\ \lim_{s\to 1}(s-1)\{\cdots\}=0\end{cases}$$

となります。なお、$\{\cdots\}$ の部分が $s\to 1$ のときにどうなっているかは

$$\lim_{s\to 1}\frac{s(s+1)\cdots(s+k-1)}{(k+1)!}(\zeta(s+k)-1) = \frac{\zeta(k+1)-1}{k+1}$$

です。

　もう一つやってみますと、$s=\dfrac{1}{2}$ なら、☆に $s=\dfrac{1}{2}$ を代入して

$$\zeta\left(\frac{1}{2}\right) = 1 - 2\sqrt{2} + \sum_{k=1}^{\infty} (-1)^{k-1} \frac{\frac{1}{2}\left(\frac{1}{2}+1\right)\cdots\left(\frac{1}{2}+k-1\right)}{(k+1)!} \left(\zeta\left(\frac{1}{2}+k\right)-1\right)$$

となります。これは負の数となることが知られています。

このようにして、$\zeta(s)$ を $\mathrm{Re}(s) > 0$ まで解析接続できました。すると $\mathrm{Re}(s) > -1$ の s に対して☆を用いると、右辺の $\zeta(s+k)$ に現れているのは $\mathrm{Re}(s+k) > 0$ のものだけですので意味が与えられていて、結局 $\zeta(s)$ は $\mathrm{Re}(s) > -1$ まで解析接続できました。このようにして繰り返すと、$\mathrm{Re}(s) > -2$, $\mathrm{Re}(s) > -3, \cdots$ への解析接続が次々に得られることになります。これで $\zeta(s)$ は、すべての複素数 s に対して解析接続されました。

ためしに、いくつかの特殊値を求めてみます。

$$\zeta(0) = 1 + \frac{2}{-1} + \frac{1}{2} \cdot 1 + 0 + 0 + \cdots = -\frac{1}{2},$$

$$\zeta(-1) = 1 + \frac{2^2}{-2} + \frac{-1}{2}(\zeta(0)-1) - \frac{(-1)}{6} \cdot 1 + 0 + 0 + \cdots = -\frac{1}{12},$$

$$\zeta(-2) = 1 + \frac{2^3}{-3} + \frac{-2}{2}(\zeta(-1)-1) - \frac{2}{6}(\zeta(0)-1) + \frac{(-2)(-1)}{24} \cdot 1 + 0 + 0 + \cdots$$

$$= 0$$

というふうに求まります。ここの例では、☆に $s = 0, -1, -2,$ …を代入しますと、右辺はあるところから先の k に対しては 0 になるため、有限個の和を計算するだけになります。なお、上の計算で $\underline{1}$ と書いたところは

$$\underline{1} = \lim_{s \to 1} \ (s-1) \ \zeta(s)$$

として計算した値 1 が出ていることを意味しています。

このように実際に計算を繰り返して行うと、手が覚えてくれます。数学では、何度もお経のように手を動かして体得することが大切です。それを何万回も繰り返しているうちに、きっとリーマン予想も自然に見えてくるでしょう。何万回といっても、1 日 100 回やれば 1 年で 3 万回は超えますので、あまりたいしたことはありません。

さて、上に正しく計算したように

$$\zeta(-1) = -\frac{1}{12},$$

$$\zeta(-2) = 0$$

ですので、今や皆さんは

$$\text{``}1 + 2 + 3 + \cdots\text{''} = -\frac{1}{12},$$

$$\text{``}1^2 + 2^2 + 3^2 + \cdots\text{''} = 0$$

がちゃんとわかりました。同じようにして、

$$\zeta(-3) = \frac{1}{120},$$

$$\zeta(-4) = 0$$

なども計算できますので、やってみてください。とくに**負の偶数での値はいつでも0**になります。したがって、$\zeta(s)$は

$$s = -2, -4, -6, -8, \cdots$$

という零点をもつことがわかります。

2.4 三角数ゼータの解析接続

　前節の解析接続法は多角数版でもできますのでやっておきましょう。多角数とは、小石を正多角形の形に並べたときの個数のことを言います。2500年くらい昔のギリシア時代にピタゴラス学校・研究所（場所は現在のイタリア南岸の港町クロトーネ：昔の名前はクロトン）で考えはじめられました。

　3角数は

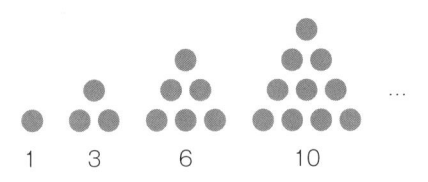

4角数は

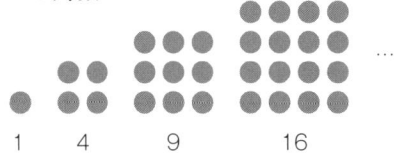

1　　4　　9　　16　…

というものです。5角数から先も同じように考えられますのでやってみてください。

一般に、m 角数（$m = 3, 4, 5, \cdots$）は

　　$1, \quad m, \quad 3m-3, \quad 6m-8, \quad 10m-15, \quad \cdots$

となり、n 番目は

$$\frac{m-2}{2} n^2 - \frac{m-4}{2} n = m \cdot \frac{n(n-1)}{2} - n(n-2)$$

となります。たとえば、3角数の n 番目は $\frac{n^2+n}{2}$ ですし、4角数の n 番目は n^2（つまり、平方数）、5角数の n 番目は $\frac{3n^2-n}{2}$ です。

そこで、m 角数のゼータを

$$Z_{m\,\text{角}}(s) = \sum_{n=1}^{\infty} \left(\frac{m-2}{2} n^2 - \frac{m-4}{2} n \right)^{-s}$$

と決めます。たとえば、

$$Z_{4\,\text{角}}(s) = \sum_{n=1}^{\infty} (n^2)^{-s} = \zeta(2s)$$

です。また形式的には

$$Z_{2\text{角}}(s) = \sum_{n=1}^{\infty} n^{-s} = \zeta(s)$$

となります。これは

● ●● ●●● ●●●● …
1　 2　　3　　　4

というのが「2角数」と考えられるからです。次の問題は、まず、$m = 3$ で解いてみてください。

問題2B

> m 角数のゼータ $Z_{m\text{角}}(s)$ を解析接続して、$s = 0, -1$ における値を求めなさい。とくに、$s = -1$ を零点とする $Z_{m\text{角}}(s)$ をすべて求めなさい。

解答

$$Z_{4\text{角}}(s) = \sum_{n=1}^{\infty} (n^2)^{-s} = \zeta(2s)$$

だから、$Z_{4\text{角}}(s)$ の解析接続は済んでいて、

$$Z_{4\text{角}}(0) = \zeta(0) = -\frac{1}{2},$$
$$Z_{4\text{角}}(-1) = \zeta(-2) = 0$$

もすでに計算した。以下では、$m = 4$ の場合も含んだ $m \geqq 3$ の形で計算する。まず、

$$Z_{m\text{角}}(s) = 1 + \sum_{n=2}^{\infty} \left(\frac{m-2}{2} n^2 - \frac{m-4}{2} n \right)^{-s}$$

$$= 1 + \left(\frac{m-2}{2} \right)^{-s} \sum_{n=2}^{\infty} \left(n^2 \left(1 - \frac{m-4}{m-2} \cdot \frac{1}{n} \right) \right)^{-s}$$

$$= 1 + \left(\frac{m-2}{2} \right)^{-s} \sum_{n=2}^{\infty} n^{-2s} \left(1 - \frac{m-4}{m-2} \cdot \frac{1}{n} \right)^{-s}$$

と変形しておく。ここで、$m \geqq 3,\ n \geqq 2$ なので

$$\left| \frac{m-4}{m-2} \cdot \frac{1}{n} \right| \leqq \frac{1}{2}$$

より、2項展開

$$\left(1 - \frac{m-4}{m-2} \cdot \frac{1}{n} \right)^{-s} = \sum_{k=0}^{\infty} \binom{-s}{k} (-1)^k \left(\frac{m-4}{m-2} \right)^k n^{-k}$$

を使うことができて

$$Z_{m\text{角}}(s) = 1 + \left(\frac{m-2}{2} \right)^{-s} \sum_{n=2}^{\infty} n^{-2s} \left(\sum_{k=0}^{\infty} \binom{-s}{k} (-1)^k \left(\frac{m-4}{m-2} \right)^k n^{-k} \right)$$

$$= 1 + \left(\frac{m-2}{2} \right)^{-s} \sum_{k=0}^{\infty} (-1)^k \binom{-s}{k} \left(\frac{m-4}{m-2} \right)^k \left(\sum_{n=2}^{\infty} n^{-2s-k} \right)$$

$$= 1 + \left(\frac{m-2}{2} \right)^{-s} \sum_{k=0}^{\infty} (-1)^k \binom{-s}{k} \left(\frac{m-4}{m-2} \right)^k \left(\zeta(2s+k) - 1 \right)$$

$$= 1 + \left(\frac{m-2}{2} \right)^{-s} \Big\{ (\zeta(2s)-1) + s \left(\frac{m-4}{m-2} \right) \left(\zeta(2s+1) - 1 \right)$$

$$+ \frac{s(s+1)}{2}\left(\frac{m-4}{m-2}\right)^2 \left(\zeta(2s+2)-1\right)$$

$$+ \frac{s(s+1)(s+2)}{6}\left(\frac{m-4}{m-2}\right)^3 \left(\zeta(2s+3)-1\right)$$

$$+ \frac{s(s+1)(s+2)(s+3)}{24}\left(\frac{m-4}{m-2}\right)^4 \left(\zeta(2s+4)-1\right)$$

$$+ \cdots \Bigg\}$$

となる。これが、すべての複素数 s への解析接続を与えている。ここの計算は $\zeta(s)$ のときに行ったものと同様であり、$s = 0$, -1 における値は

$$Z_{m\text{角}}(0) = 1 + \left\{\left(-\frac{1}{2}-1\right)+\frac{m-4}{m-2}\cdot\frac{1}{2} + 0 + \cdots\right\}$$

$$= -\frac{1}{m-2},$$

$$Z_{m\text{角}}(-1) = 1+ \frac{m-2}{2}\left\{(-1)- \frac{m-4}{m-2}\left(-\frac{1}{12}-1\right) + 0\right.$$

$$\left. + \frac{(-1)}{6}\left(\frac{m-4}{m-2}\right)^3 \frac{1}{2} + 0 + \cdots\right\}$$

$$= 1- \frac{m-2}{2} + \frac{13}{24}(m-4) - \frac{1}{24}\frac{(m-4)^3}{(m-2)^2}$$

$$= \left(\frac{13}{24} - \frac{1}{2}\right)(m-4) - \frac{1}{24}\frac{(m-4)^3}{(m-2)^2}$$

$$= \frac{1}{24}(m-4) - \frac{1}{24}\frac{(m-4)^3}{(m-2)^2}$$

$$= \frac{m-4}{24(m-2)^2}\left\{(m-2)^2 - (m-4)^2\right\}$$

$$= \frac{(m-3)(m-4)}{6(m-2)^2}$$

と求まる。

とくに、

$$Z_{m\text{角}}(-1) = 0 \quad \Leftrightarrow \quad m = 3, 4$$

とわかる。

【解答終】

この $Z_{m\text{角}}(-1)$ の計算結果は

"m 角数全体のゼータ和"

= "$1 + m + (3m-3) + (6m-8) + (10m-15) + \cdots$"

= $Z_{m\text{角}}(-1)$

= $\dfrac{(m-3)(m-4)}{6(m-2)^2}$

を示していると考えることができます。とくに、

"3 角数全体のゼータ和" = 0,

$$\text{"4角数(平方数)全体のゼータ和"} = 0$$

となります。

　このようなゼータでも、リーマンゼータと同じように負の整数のところに零点をもつ場合があることはとても面白いですね。

2.5　変化させてみよう

　解析接続は、どんなゼータの場合でも、できるとうれしいものです。フェルマー予想の証明も、楕円曲線のゼータという20世紀に現れたゼータの解析接続のおかげでできたものです。その様子は

黒川信重『リーマン予想の探求：ABCからZまで』技術評論社,2012年

で読んでください。解析接続できていないゼータは無限にあります。皆さんの挑戦を期待します。

　リーマンゼータの解析接続はわかりましたので、少しだけ変化させたゼータの解析接続を問題にしておきましょう。ヒントは、これまで通り、2項展開です。

問題2C

> $0 < x \leq 1$ と $\mathrm{Re}(s) > 1$ に対して
>
> $$\zeta(s, x) = \sum_{n=0}^{\infty} (n+x)^{-s}$$
>
> と定義する。これをすべての複素数 s へと解析接続し、$\lim_{s \to 1}(s-1)\zeta(s,x)$, $\zeta(0,x)$ と $\zeta(-1,x)$ を求めなさい。

解答

$x = 1$ のときは

$$\zeta(s, 1) = \zeta(s)$$

なので済んでいる。そこで、$0 < x < 1$ とし

$$\begin{aligned}\zeta(s, x) &= x^{-s} + \sum_{n=1}^{\infty}(n+x)^{-s} \\ &= x^{-s} + \sum_{n=1}^{\infty} n^{-s}\left(1+\frac{x}{n}\right)^{-s}\end{aligned}$$

と変形して、2項展開

$$\left(1+\frac{x}{n}\right)^{-s} = \sum_{k=0}^{\infty} \binom{-s}{k}\left(\frac{x}{n}\right)^{k}$$

を用いる。ここで、

$$\left|\frac{x}{n}\right|<1$$

となることを使っている。すると

$$\zeta(s, x) = x^{-s} + \sum_{n=1}^{\infty} n^{-s}\left(\sum_{k=0}^{\infty}\binom{-s}{k}\left(\frac{x}{n}\right)^k\right)$$

$$= x^{-s} + \sum_{k=0}^{\infty}\binom{-s}{k}\left(\sum_{n=1}^{\infty} n^{-s-k}\right)x^k$$

$$= x^{-s} + \sum_{k=0}^{\infty}\binom{-s}{k}\zeta(s+k)\,x^k$$

となって、すべての複素数 s への解析接続が得られる。

具体的に書いてみると

$$\zeta(s, x) = x^{-s} + \zeta(s) - s\,\zeta(s+1)x + \frac{s(s+1)}{2}\zeta(s+2)x^2$$

$$- \frac{s(s+1)(s+2)}{6}\zeta(s+3)x^3 + \cdots$$

となるので

$$\lim_{s\to 1}(s-1)\zeta(s, x) = \lim_{s\to 1}(s-1)\zeta(s)$$
$$= 1,$$

$$\zeta(0, x) = 1 + \zeta(0) - 1 \cdot x$$

$$= 1 + \left(-\frac{1}{2}\right) - x$$

$$= \frac{1}{2} - x,$$

$$\zeta(-1, x) = x + \zeta(-1) + \zeta(0)x - \frac{1}{2} \cdot x^2$$

$$= x + \left(-\frac{1}{12}\right) + \left(-\frac{1}{2}\right)x - \frac{1}{2} \cdot x^2$$

$$= -\frac{1}{12} + \frac{x}{2} - \frac{x^2}{2}$$

と求まる。

【解答終】

この解析接続の公式は

$$Z(s, x) = \zeta(s, x+1)$$

$$= \sum_{n=1}^{\infty} (n+x)^{-s}$$

$$= \zeta(s, x) - x^{-s}$$

に対して書いてみると

$$Z(s, x) = \zeta(s) - s\,\zeta(s+1)x + \frac{s(s+1)\zeta(s+2)}{2}x^2$$

$$-\frac{s(s+1)(s+2)\zeta(s+3)}{6} x^3 + \cdots$$

です。これは、$Z(s,x)$をxの関数と見て$x=0$の近くでテイラー展開した形になっています。つまり、

$$Z(s,x)|_{x=0} = \zeta(s),$$

$$\frac{\partial}{\partial x}Z(s,x)|_{x=0} = -s\,\zeta(s+1),$$

$$\frac{\partial^2}{\partial x^2}Z(s,x)|_{x=0} = s(s+1)\,\zeta(s+2),$$

$$\frac{\partial^3}{\partial x^3}Z(s,x)|_{x=0} = -s(s+1)(s+2)\,\zeta(s+3)$$

などとなっているわけです。

このテイラー展開は、$\zeta(s)$をxによって微小変形させたときの様子を示しています。このテイラー展開の計算は、定義式から直接に、

$$\frac{\partial}{\partial x}Z(s,x) = \frac{\partial}{\partial x}\sum_{n=1}^{\infty}(n+x)^{-s}$$

$$= -s\sum_{n=1}^{\infty}(n+x)^{-s-1}$$

$$= -s\,Z(s+1,\,x),$$

$$\frac{\partial^2}{\partial x^2} Z(s,x) = s(s+1)Z(s+2,\,x),$$

$$\frac{\partial^3}{\partial x^3} Z(s,x) = -s(s+1)(s+2)Z(s+3,\,x),$$

…

を使ってもわかります。x についてのテイラー展開によって s についての解析接続が得られているなんて楽しいですね。

計算のついでに、零点になるところをちょっと見ておきましょう。

問題2D

(1) $\zeta(s,\,x)$ が $s = 0$ を零点にもつ x をすべて求めなさい。
(2) $\zeta(s,\,x)$ が $s = -1$ を零点にもつ x をすべて求めなさい。

解答

(1) 条件は
$$\zeta(0,\,x) = 0$$
つまり
$$\frac{1}{2} - x = 0$$
ですので、$x = \dfrac{1}{2}$.

(2) 条件は
$$\zeta(-1, x) = 0$$

つまり

$$-\frac{1}{12} + \frac{x}{2} - \frac{x^2}{2} = 0$$

ですので、2次方程式

$$x^2 - x + \frac{1}{6} = 0$$

を解いて

$$x = \frac{1}{2}\left(1 \pm \frac{1}{\sqrt{3}}\right) = \frac{3 \pm \sqrt{3}}{6}.$$

【解答終】

ここで、$x = \dfrac{1}{2}$ のときには、より詳しいことがわかります：

$$\zeta\left(s, \frac{1}{2}\right) = \sum_{n=0}^{\infty} \left(n + \frac{1}{2}\right)^{-s}$$

$$= 2^s \sum_{n=0}^{\infty} (2n+1)^{-s}$$

$$= 2^s \{1 + 3^{-s} + 5^{-s} + \cdots\}$$

$$= 2^s \{(1 + 2^{-s} + 3^{-s} + 4^{-s} + \cdots) - (2^{-s} + 4^{-s} + 6^{-s} + \cdots)\}$$

$$= 2^s \{\zeta(s) - 2^{-s}\zeta(s)\}$$

$$= 2^s(1-2^{-s})\zeta(s)$$

$$= (2^s-1)\zeta(s).$$

この形なら

$$\zeta\left(0, \frac{1}{2}\right) = 0,$$

$$\zeta\left(-2, \frac{1}{2}\right) = 0$$

などが一目瞭然ですね。

もう1個見て、この章を終わりましょう。

問題2E

$$Z(s) = \sum_{n=-\infty}^{\infty}(n^2+1)^{-s}$$

$$= 1 + 2\sum_{n=1}^{\infty}(n^2+1)^{-s}$$

$$= 1 + 2\cdot 2^{-s} + 2\cdot 5^{-s} + 2\cdot 10^{-s} + 2\cdot 17^{-s} + \cdots$$

を解析接続して、$s=0$, -1 における値を求めなさい。

解答

はじめは、$\operatorname{Re}(s) > \dfrac{1}{2}$ で考えて

$$Z(s) = 1 + 2 \cdot 2^{-s} + 2 \sum_{n=2}^{\infty} (n^2+1)^{-s}$$

$$= 1 + 2^{1-s} + 2 \sum_{n=2}^{\infty} n^{-2s} \left(1+\frac{1}{n^2}\right)^{-s}$$

と変形して、2項展開

$$\left(1 + \frac{1}{n^2}\right)^{-s} = \sum_{k=0}^{\infty} \binom{-s}{k} \left(\frac{1}{n^2}\right)^k$$

を用いると

$$Z(s) = 1 + 2^{1-s} + 2 \sum_{n=2}^{\infty} n^{-2s} \left(\sum_{k=0}^{\infty} \binom{-s}{k} n^{-2k} \right)$$

$$= 1 + 2^{1-s} + 2 \sum_{k=0}^{\infty} \binom{-s}{k} \left\{ \sum_{n=2}^{\infty} n^{-2s-2k} \right\}$$

$$= 1 + 2^{1-s} + 2 \sum_{k=0}^{\infty} \binom{-s}{k} \left\{ \zeta(2s+2k) - 1 \right\}$$

によって、すべての複素数 s への解析接続が得られた。

これを具体的に書いて

$$Z(s) = 1 + 2^{1-s} + 2\left\{\zeta(2s)-1\right\} - 2s\left\{\zeta(2s+2)-1\right\}$$

$$+ s(s+1)\left\{\zeta(2s+4)-1\right\}$$

$$- \frac{s(s+1)(s+2)}{3} \left\{\zeta(2s+6)-1\right\} + \cdots$$

より

$$Z(0) = 1 + 2 + 2\{\zeta(0)-1\}$$
$$= 1 + 2 - 3$$
$$= 0,$$
$$Z(-1) = 1 + 4 + 2\{\zeta(-2)-1\} + 2\{\zeta(0)-1\}$$
$$= 1 + 4 - 2 - 3$$
$$= 0.$$

【解答終】

意外にも、どちらも零点でした。いろいろな変形版を考えて練習してみてください。

リーマン予想の解き方:
零点をさがそう

第3章

リーマン予想の歴史を簡単に振り返った後で、リーマン予想の3つの解き方の候補を説明します。零点さがしの旅です。

3.1 リーマン予想の簡単な歴史

リーマン予想は、1859年のリーマンの論文にはじまります。リーマンは、この論文でx以下の素数の個数$\pi(x)$を求めることを目的にしています。

リーマンは

$$\zeta(s) = \sum_{n=1}^{\infty} n^{-s}$$

のオイラー積表示

$$\begin{aligned}\zeta(s) &= \prod_{p:素数}(1-p^{-s})^{-1} \\ &= (1-2^{-s})^{-1}\times(1-3^{-s})^{-1}\times(1-5^{-s})^{-1}\times(1-7^{-s})^{-1}\times \\ &\quad \cdots\end{aligned}$$

から出発します。そのときに「$\zeta(s)$」という名前も付けました。

このオイラー積表示は、1737年にオイラーが発見したものです。その証明は難しくありません。等比級数の和の公式

$$(1-x)^{-1} = 1 + x + x^2 + x^3 + \cdots \quad (|x| < 1)$$

を用いて展開すると

$$\prod_{p:\text{素数}} (1-p^{-s})^{-1} = \prod_{p:\text{素数}} (1 + p^{-s} + p^{-2s} + p^{-3s} + \cdots)$$

$$= (1 + 2^{-s} + 4^{-s} + \cdots) \times (1 + 3^{-s} + 9^{-s} + \cdots)$$

$$\times (1 + 5^{-s} + 25^{-s} + \cdots) \times \cdots$$

$$= 1 + 2^{-s} + 3^{-s} + 4^{-s} + 5^{-s} + 6^{-s} + \cdots$$

$$= \zeta(s)$$

とわかります。自然数はただ一通りに素因数分解できることを使っています。たとえば、6^{-s}は展開したときの

$$2^{-s} \times 3^{-s} \times 1 \times 1 \times \cdots$$

という形で得られています。

次に、リーマンは$\zeta(s)$を絶対収束（和の形でも積の形でも）している$\mathrm{Re}(s) > 1$から、すべての複素数sへと解析接続を与えます。その解析接続された関数も再び$\zeta(s)$と書きますと、これは第2章で得られた関数と同じものです（解析接続の一意性）。

リーマンの解析接続法は、第2章のものとは違っていて、積分を用いた方法を2つ示しました。いろいろな解析接続法を知っていると、その関数についての理解が深まります。ある人

のいろいろな面を知っているのと同じようなものです。

　解析接続の一意性という定理がありますので、どんな解析接続法でも同じ関数が出てきます。つまり、ある複素数 s における値は同じものになります。ただし、そこの値を具体的に計算できるかどうかについては、解析接続法ごとに得意な場合と不得意な場合があって、同じではありません。**リーマン予想にふさわしい解析接続法は、値が０になるところ（零点）が一目でわかるような解析接続法**なのですが、$\zeta(s)$ の場合には見つかっていないのです。

　リーマンの２つの解析接続法のうちの片方（論文の中では２番目に書いてあるもの）を、参考のために、要点だけ述べておきましょう。そのため、しばらくは、積分を使います。

　リーマンは、完備リーマンゼータと呼ばれる

$$\hat{\zeta}(s) = \zeta(s)\ \pi^{-\frac{s}{2}} \Gamma\left(\frac{s}{2}\right)$$

に対する積分表示

$$\hat{\zeta}(s) = \int_0^\infty \varphi(t)\ t^{\frac{s}{2}-1} dt,$$

$$\varphi(t) = \sum_{n=1}^\infty e^{-\pi n^2 t}$$

を発見しました。ここで、$\pi = 3.14\cdots$ は円周率で、$\Gamma\left(\dfrac{s}{2}\right)$ は

ガンマ関数です。

ガンマ関数について、少し説明しておきます。ガンマ関数$\Gamma(x)$は、$\mathrm{Re}(x) > 0$ では

$$\Gamma(x) = \int_0^\infty e^{-t} t^{x-1} dt$$

と定義されます。たとえば、

$$\Gamma(1) = \int_0^\infty e^{-t} dt = \left[-e^{-t}\right]_0^\infty = 1$$

ですし、$\Gamma(2)$ は部分積分を用いて

$$\begin{aligned}\Gamma(2) &= \int_0^\infty e^{-t} t dt \\ &= \left[-e^{-t} t\right]_0^\infty + \int_0^\infty e^{-t} dt \\ &= 0 + 1 \\ &= 1\end{aligned}$$

となります。

一般に、

$$\begin{aligned}\Gamma(x+1) &= \int_0^\infty e^{-t} t^x dt \\ &= \left[-e^{-t} t^x\right]_0^\infty + \int_0^\infty e^{-t} x t^{x-1} dt \\ &= x \int_0^\infty e^{-t} t^{x-1} dt \\ &= x\, \Gamma(x)\end{aligned}$$

という漸化式が成り立ちます。これから

$$\begin{aligned}\Gamma(3) &= 2\,\Gamma(2) = 2 \cdot 1 = 2!\,, \\ \Gamma(4) &= 3\,\Gamma(3) = 3 \cdot 2 \cdot 1 = 3!\,, \\ \Gamma(5) &= 4\,\Gamma(4) = 4 \cdot 3 \cdot 2 \cdot 1 = 4!\,, \\ \Gamma(6) &= 5\,\Gamma(5) = 5 \cdot 4 \cdot 3 \cdot 2 \cdot 1 = 5!\end{aligned}$$

のようになり、$n = 0, 1, 2, 3, \cdots$ に対して

$$\Gamma(n+1) = n!$$

がわかります。つまり、ガンマ関数は階乗を一般化した関数です。ガンマ関数 $\Gamma(x)$ はすべての複素数 x へ解析接続できて、すべての複素数に対して関係式

$$\Gamma(x+1) = x\,\Gamma(x)$$

をみたします。

さて、リーマンは$\zeta(s)$の積分表示を分割して

$$\hat{\zeta}(s) = \int_0^1 \varphi(t) t^{\frac{s}{2}-1} dt + \int_1^\infty \varphi(t) t^{\frac{s}{2}-1} dt$$

として、第1の積分において

$$\varphi(t) = t^{-\frac{1}{2}} \varphi\left(\frac{1}{t}\right) + \frac{1}{2} t^{-\frac{1}{2}} - \frac{1}{2}$$

という公式を使い、

$$\begin{aligned}
\hat{\zeta}(s) &= \int_0^1 \left(t^{-\frac{1}{2}} \varphi\left(\frac{1}{t}\right) + \frac{1}{2} t^{-\frac{1}{2}} - \frac{1}{2} \right) t^{\frac{s}{2}-1} dt \\
&\quad + \int_1^\infty \varphi(t) t^{\frac{s}{2}-1} dt \\
&= \int_0^1 \varphi\left(\frac{1}{t}\right) t^{\frac{s}{2}-\frac{3}{2}} dt + \frac{1}{2} \int_0^1 t^{\frac{s}{2}-\frac{3}{2}} dt - \frac{1}{2} \int_0^1 t^{\frac{s}{2}-1} dt \\
&\quad + \int_1^\infty \varphi(t) t^{\frac{s}{2}-1} dt
\end{aligned}$$

を得ます。

なお、上で使った$\varphi(t)$の変換公式はテータ変換公式と呼ばれる

$$2\varphi\left(\frac{1}{t}\right) + t = t^{\frac{1}{2}}(2\varphi(t)+1)$$

という等式を整理したものです。これは保型形式と呼ばれるものの性質（かたちを保つ）です。

再び $\hat{\zeta}(s)$ に戻りますと、第2項と第3項は

$$\frac{1}{2}\int_0^1 t^{\frac{s}{2}-\frac{3}{2}}dt = \left[\frac{t^{\frac{s}{2}-\frac{1}{2}}}{s-1}\right]_0^1$$

$$= \frac{1}{s-1},$$

$$-\frac{1}{2}\int_0^1 t^{\frac{s}{2}-1}dt = -\left[\frac{t^{\frac{s}{2}}}{s}\right]_0^1$$

$$= -\frac{1}{s}$$

と計算できて、第1項は t を $\frac{1}{t}$ に変数変換しますと

$$\int_0^1 \varphi\left(\frac{1}{t}\right)t^{\frac{s}{2}-\frac{3}{2}}dt = \int_1^\infty \varphi(t)t^{-\frac{s}{2}-\frac{1}{2}}dt$$

となります。したがって、

$$\hat{\zeta}(s) = \int_1^\infty \varphi(t)t^{-\frac{s}{2}-\frac{1}{2}}dt + \frac{1}{s-1} - \frac{1}{s} + \int_1^\infty \varphi(t)t^{\frac{s}{2}-1}dt$$

$$= \int_1^\infty \varphi(t)(t^{\frac{s}{2}}+t^{\frac{1-s}{2}})\frac{dt}{t} + \frac{1}{s(s-1)}$$

となって、すべての複素数 s に対する表示が得られ、解析接続が終わります。この最後の表示

$$\hat{\zeta}(s) = \int_1^\infty \varphi(t)(t^{\frac{s}{2}}+t^{\frac{1-s}{2}})\frac{dt}{t} + \frac{1}{s(s-1)}$$

は $s \leftrightarrow 1-s$ という変換（入れかえ）に関して完全に対称になっていますので、関数等式

$$\hat{\zeta}(1-s) = \hat{\zeta}(s)$$

も得られたことになります。

同時に、

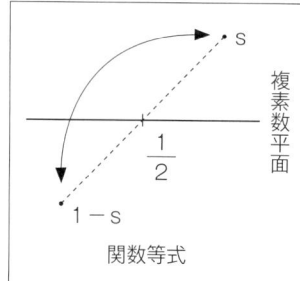

$$Z_1(s) = s(s-1)\hat{\zeta}(s)$$

$$= s(s-1)\int_1^\infty \varphi(t)(t^{\frac{s}{2}}+t^{\frac{1-s}{2}})\frac{dt}{t} + 1$$

は正則関数で、

$$Z_1(1-s) = Z_1(s)$$

をみたし、

$$\hat{\zeta}(s) = \frac{Z_1(s)}{s(s-1)}$$

となることがわかります。

第1章のおわりにでてきたリーマンゼータのおもちゃ版という数力

$$\zeta_{\left(\frac{1}{2},\frac{1}{2}\right)}(s) = \frac{\left(s-\frac{1}{2}\right)^2}{s(s-1)}$$

とよく似ていますね。そちらも

$$\zeta_{\left(\frac{1}{2},\frac{1}{2}\right)}(1-s) = \zeta_{\left(\frac{1}{2},\frac{1}{2}\right)}(s)$$

という関数等式をみたしています。零点は $s=\frac{1}{2}$ のみと簡単です。本来のリーマン予想は『$\hat{\zeta}(s)$ の零点の実部がすべて $\frac{1}{2}$ である』というものです。

リーマンは、この $Z_1(s)$ の因数分解表示

$$Z_1(s) = e^{As+B} \prod_{\rho:零点} \left(1-\frac{s}{\rho}\right)e^{\frac{s}{\rho}}$$

を与えました。ここで、ρ は $Z_1(s)$ の零点を動きます。これらの ρ は無限個存在して、すべて

$$0 \leq \mathrm{Re}(\rho) \leq 1$$

をみたしていることがわかります。

このようにして

$$\prod_{p:素数}(1-p^{-s})^{-1} = \frac{e^{As+B}\prod_{\rho:零点}\left(1-\frac{s}{\rho}\right)e^{\frac{s}{\rho}}}{s(s-1)\pi^{-\frac{s}{2}}\Gamma\left(\frac{s}{2}\right)}$$

という$\zeta(s)$に対する左右の表示が得られました。左側は素数全体にわたる積、右側は零点全体にわたる積(正確には零点と極)です。つまり

$$\{素数全体\} \longleftrightarrow \{零点全体\}$$

という関係がわかりました。これが、リーマンの大発見です。

対数を取りますと、積は和になりますので、

$$\sum_p M(p) = \sum_\rho W(\rho) - W(1) + \sum_{n=1}^{\infty} W(-2n)$$

という形の等式が得られます。ここでMとWはある変換で決まり合う関数です。なお、終わりの項$W(-2n)$は

$$s = -2n \quad (n = 1, 2, 3, \cdots)$$

における $\zeta(s)$ の零点（これは $\hat{\zeta}(s)$ に対しては $\Gamma\left(\dfrac{s}{2}\right)$ の極によって打ち消されて現れてこない）、その前の $-\mathrm{W}(1)$ は $\zeta(s)$ の $s=1$ における極からきています。

とくに、

$$\mathrm{M}(p) = \begin{cases} 1 \cdots p \leq x \\ 0 \cdots p > x \end{cases}$$

と取ると

$$\pi(x) = \sum_p \mathrm{M}(p)$$

ですので

$$\pi(x) = \sum_\rho \mathrm{W}(\rho) - \mathrm{W}(1) + \sum_{n=1}^{\infty} \mathrm{W}(-2n)$$

ということになります。リーマンは、さらに具体的に計算して、$x>1$ に対して

$$\pi(x) = \sum_{m=1}^{\infty} \frac{\mu(m)}{m}\left(Li(x^{\frac{1}{m}}) - \sum_\rho Li(x^{\frac{\rho}{m}}) + \int_{x^{\frac{1}{m}}}^{\infty} \frac{du}{u(u^2-1)\log u} - \log 2\right)$$

という『リーマンの素数公式』を得ました。

ここで、

$$\mu(m) = \begin{cases} +1 \cdots m \text{ は偶数個の相異なる素数の積または } 1 \\ -1 \cdots m \text{ は奇数個の相異なる素数の積} \\ 0 \cdots \text{その他（ある素数の2乗で割り切れるとき）} \end{cases}$$

はメビウス関数、

$$Li(x) = \int_0^x \frac{du}{\log u}$$

は対数積分と呼ばれる関数です。なお、

$$\int_{x^{\frac{1}{m}}}^\infty \frac{du}{u(u^2-1)\log u} = -\sum_{n=1}^\infty Li(x^{-\frac{2n}{m}})$$

となっていて、実零点 $s = -2, -4, -6, \cdots$ の寄与です。

リーマンはリーマンの素数公式

$$\pi(x) = Li(x) + \cdots$$

における $\pi(x)$ と主要項 $Li(x)$ との差 $\pi(x) - Li(x)$ をできるだけ精密に評価したいという願望から

『リーマン予想:
　$\hat{\zeta}(s)$ の零点はすべて $\mathrm{Re}(s) = \dfrac{1}{2}$ 上に乗っている』

を提出しました。後にコッホ（1901年）によって

『リーマン予想 $\Leftrightarrow |\pi(x) - Li(x)| < Cx^{\frac{1}{2}}\log x$
　　　　がすべての $x \geqq 2$ に対して成立するような
　　　　定数 $C > 0$ が存在』

ということも示されました。つまり、リーマン予想とは素数分

布が【ある規則性の中で】分布する、ということを言っていることになります。

リーマン予想について、その後の研究で知られてきたことについては次の節でまとめておきます。

そちらに移る前に、$\zeta(s)$ と $\hat{\zeta}(s)$ の零点の違いについて注意しておきます。それは

$\{\zeta(s)の零点\} = \{\hat{\zeta}(s)の零点\} \cup \{-2, -4, -6, \cdots\}$,

$\{\zeta(s)の虚零点\} = \{\hat{\zeta}(s)の零点\}$,

$\{\zeta(s)の実零点\} = \{-2, -4, -6, \cdots\}$

と書いておくとわかりやすいでしょう。第2章のはじめに述べたように、$\zeta(s)$ の零点には

$s = -2, -4, -6, \cdots$

という、『実部は $\frac{1}{2}$』とのリーマン予想からすると「例外」の零点が存在していて面白い（あるいは「困った」）ことになっているのですが、それは $\hat{\zeta}(s)$ にすると消えています。

その仕組みは値を計算するとわかります。たとえば、第2章で計算した通り、

$\zeta(-2) = \text{``}1^2 + 2^2 + 3^2 + \cdots\text{''} = 0$

でした。一方、

$$\hat{\zeta}(-2) = \frac{1}{2\pi}\left(1 + \frac{1}{2^3} + \frac{1}{3^3} + \frac{1}{4^3} + \cdots\right)$$

$$= \frac{\zeta(3)}{2\pi}$$

は正の数です。それを見るには、関数等式を使って

$$\hat{\zeta}(-2) = \hat{\zeta}(3)$$

$$= \zeta(3)\pi^{-\frac{3}{2}}\,\Gamma\left(\frac{3}{2}\right)$$

を求めればよいのです。ガンマ関数の漸化式

$$\Gamma(x+1) = x\,\Gamma(x)$$

を $x = \dfrac{1}{2}$ として使うと

$$\Gamma\left(\frac{3}{2}\right) = \frac{1}{2}\,\Gamma\left(\frac{1}{2}\right)$$

となります。ここで

$$\Gamma\left(\frac{1}{2}\right) = \int_0^\infty e^{-t} t^{-\frac{1}{2}}\,dt$$

は $t = x^2$ とおきかえると

$$\Gamma\left(\frac{1}{2}\right) = 2\int_0^\infty e^{-x^2}dx$$

となって、有名な「ガウス積分」

$$\mathrm{I} = \int_0^\infty e^{-x^2}dx = \frac{\sqrt{\pi}}{2}$$

から

$$\Gamma\left(\frac{1}{2}\right) = \pi^{\frac{1}{2}}$$

と計算できます。したがって、

$$\Gamma\left(\frac{3}{2}\right) = \frac{1}{2}\pi^{\frac{1}{2}}$$

より

$$\hat{\zeta}(-2) = \frac{\zeta(3)}{2\pi} > 0$$

とわかります。

ただし、積分表示

$$\hat{\zeta}(-2) = \int_1^\infty \varphi(t)(t^{-1}+t^{\frac{3}{2}})\frac{dt}{t} + \frac{1}{6}$$

から

$$\zeta(3) = 2\pi \int_1^\infty \varphi(t)(t^{-2}+t^{\frac{1}{2}})dt + \frac{\pi}{3}$$

となっても、ζ(3)の値がこの表示でよくわかるわけではありません。

ここで、ガウス積分

$$\mathrm{I} = \int_0^\infty e^{-x^2}dx = \frac{\sqrt{\pi}}{2}$$

の計算を示しておきましょう。それには、2変数の積分にして

$$\mathrm{I}^2 = \left(\int_0^\infty e^{-x^2}dx\right)\left(\int_0^\infty e^{-y^2}dy\right)$$

$$= \int_0^\infty \int_0^\infty e^{-x^2-y^2}dxdy$$

を考えます。これを極座標 (r, θ) に直して

$$\begin{cases} x = r\cos\theta \\ y = r\sin\theta \end{cases} \quad \left(\begin{matrix} r \geq 0 \\ 0 \leq \theta \leq \dfrac{\pi}{2} \end{matrix}\right)$$

とおきかえますと

$$\mathrm{I}^2 = \left(\int_0^{\frac{\pi}{2}} d\theta\right)\left(\int_0^\infty e^{-r^2}rdr\right)$$

$$= \frac{\pi}{2} \cdot \left[-\frac{1}{2} e^{-r^2} \right]_0^\infty$$

$$= \frac{\pi}{4}$$

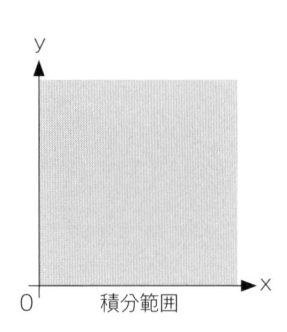

より

$$\mathrm{I} = \frac{\sqrt{\pi}}{2}$$

とガウス積分が求まります。

ここでは、$s=-2$ が $\zeta(s)$ の零点でも $\hat{\zeta}(s)$ の零点ではないことを見てきましたが、同じことを $s=-2n\,(n=1,2,3,\cdots)$ に一般化するのは簡単です。このときは、$\zeta(-2n)=0$ ですが

$$\hat{\zeta}(-2n) = \hat{\zeta}(2n+1)$$

$$= \zeta(2n+1)\pi^{-\frac{2n+1}{2}}\,\Gamma\!\left(\frac{2n+1}{2}\right)$$

$$= \zeta(2n+1)\frac{(2n)!}{2^{2n}\,n!\,\pi^n} > 0$$

となって、$s=-2n$ は $\hat{\zeta}(s)$ の零点ではありません。ここで、

$$\Gamma\!\left(n+\frac{1}{2}\right) = \left(n-\frac{1}{2}\right)\cdots\frac{1}{2}\Gamma\!\left(\frac{1}{2}\right)$$

$$= \left(n - \frac{1}{2}\right)\cdots \frac{1}{2} \pi^{\frac{1}{2}}$$

$$= \frac{(2n)!}{2^{2n} n!} \pi^{\frac{1}{2}}$$

を使いました。

一方、関数等式

$$\hat{\zeta}(s) = \hat{\zeta}(1-s)$$

は

$$\zeta(-2n) = 0 \quad (n = 1, 2, 3, \cdots)$$

の証明にも使うことができます。それには

$$\hat{\zeta}(s) = \hat{\zeta}(1-s)$$

より

$$\zeta(s) = \zeta(1-s) \frac{\pi^{-\frac{1-s}{2}} \Gamma\left(\frac{1-s}{2}\right)}{\pi^{-\frac{s}{2}} \Gamma\left(\frac{s}{2}\right)}$$

$$= \zeta(1-s) \ \pi^{s-\frac{1}{2}} \Gamma\left(\frac{1-s}{2}\right) \cdot \Gamma\left(\frac{s}{2}\right)^{-1}$$

としておいて、$s \to -2n$ とすればよいのです。左辺はもちろん

$$\lim_{s \to -2n} \zeta(s) = \zeta(-2n)$$

となります。右辺は

$$\lim_{s \to -2n} \zeta(1-s) = \zeta(1+2n) > 0,$$

$$\lim_{s \to -2n} \pi^{s-\frac{1}{2}} = \pi^{-2n-\frac{1}{2}} > 0,$$

$$\lim_{s \to -2n} \Gamma\left(\frac{1-s}{2}\right) = \Gamma\left(\frac{1+2n}{2}\right) = \frac{(2n)!}{2^{2n} n!} \pi^{\frac{1}{2}} > 0$$

までは正の数ですが、

$$\lim_{s \to -2n} \Gamma\left(\frac{s}{2}\right)^{-1} = 0$$

となります。実際、ガンマ関数の漸化式より

$$\left(\frac{s}{2}+n\right)\cdots\left(\frac{s}{2}+1\right)\frac{s}{2}\Gamma\left(\frac{s}{2}\right) = \Gamma\left(\frac{s}{2}+n+1\right)$$

つまり

$$\Gamma\left(\frac{s}{2}\right)^{-1} = \frac{\left(\frac{s}{2}+n\right)\cdots\left(\frac{s}{2}+1\right)\frac{s}{2}}{\Gamma\left(\frac{s}{2}+n+1\right)}$$

ですので、

$$\lim_{s \to -2n} \Gamma\left(\frac{s}{2}\right)^{-1} = \frac{0 \cdot (-1) \cdot \cdots \cdot (-n)}{\Gamma(1)} = 0$$

です。このようにして、$\zeta(-2n) = 0 \, (n=1, 2, 3, \cdots)$ がわかります。第2章とは別の証明ということになります。

ここでやった計算と同じことを $s = -1$ でも考えて、この節を終わりとしましょう。

まず、

$$\hat{\zeta}(-1) = \pi^{\frac{1}{2}} \Gamma\left(-\frac{1}{2}\right) \zeta(-1)$$

ですので、

$$\Gamma\left(-\frac{1}{2}\right) = \frac{\Gamma\left(\frac{1}{2}\right)}{-\frac{1}{2}} = -2\pi^{\frac{1}{2}}$$

に注意しますと

$$\hat{\zeta}(-1) = -2\pi \, \zeta(-1)$$

となります。第2章で計算した通り

$$\zeta(-1) = -\frac{1}{12}$$

ですので

$$\hat{\zeta}(-1) = \frac{\pi}{6}$$

です。ところで、リーマンの積分表示では

$$\hat{\zeta}(-1) = \int_1^\infty \varphi(t)(t^{-\frac{3}{2}}+1)dt + \frac{1}{2}$$

ですので

$$\int_1^\infty \varphi(t)(t^{-\frac{3}{2}}+1)dt = \frac{\pi-3}{6} = 0.0235987\cdots$$

ということになります。この定積分を直接計算で示すのは難しそうです。このように、$\hat{\zeta}(s)$ に対する積分表示は

$$\hat{\zeta}(-1) = \frac{\pi}{6}$$

を示すには向いていません。どんな解析接続でも結果は同じことになるのですが、具体的に値を求めることは別の話で、向き不向きがあるわけです。

一方、関数等式からわかる

$$\hat{\zeta}(-1) = \hat{\zeta}(2)$$

を用いますと

$$\hat{\zeta}(2) = \frac{\pi}{6}$$

となります。ここで、

$$\hat{\zeta}(2) = \pi^{-1}\,\Gamma(1)\,\zeta(2) = \frac{\zeta(2)}{\pi}$$

です。したがって

$$\zeta(2) = \frac{\pi^2}{6}$$

がわかります。

ふつうは、三角関数 $\sin x$ の無限積表示(オイラー)

$$\begin{aligned}\sin x &= x\prod_{n=1}^{\infty}\left(1-\frac{x^2}{n^2\pi^2}\right)\\ &= x\left(1-\frac{x^2}{\pi^2}\right)\left(1-\frac{x^2}{4\pi^2}\right)\left(1-\frac{x^2}{9\pi^2}\right)\cdots\end{aligned}$$

を用います。これは $\sin x$ に

$$\sin x \cong x\times(x-\pi)\times(x+\pi)\times(x-2\pi)\times(x+2\pi)\times\cdots$$

と「よくわかる因数分解」を与えています(零点に注目した等式です)。リーマン予想の証明も、ゼータに対して、そのような「よくわかる因数分解」を与えるのが目的です。

無限積表示を展開して

$$\begin{aligned}\sin x &= x\left\{1-\left(\frac{1}{\pi^2}+\frac{1}{4\pi^2}+\frac{1}{9\pi^2}+\cdots\right)x^2+\cdots\right\}\\ &= x-\frac{\zeta(2)}{\pi^2}x^3+\cdots\end{aligned}$$

として、$\sin x$ の別の展開（ライプニッツ）

$$\sin x = x - \frac{1}{6}x^3 + \cdots$$

とを比較して

$$\zeta(2) = \frac{\pi^2}{6}$$

と、オイラーが最初に求めました（1735 年）。

なお、

$$\frac{\zeta(2)}{\pi} = \hat{\zeta}(2) = \hat{\zeta}(-1) = -2\pi\zeta(-1)$$

でしたから、

$$\zeta(2) = -2\pi^2\zeta(-1)$$

です。したがって

$$\zeta(2) = \frac{\pi^2}{6} \Leftrightarrow \zeta(-1) = -\frac{1}{12}$$

となっています。

　第 2 章の解析接続のように

$$\zeta(-1) = -\frac{1}{12}$$

を求めるのが得意な方法もあれば、本節で見た解析接続のように

$$\zeta(2) = -2\pi^2 \zeta(-1)$$

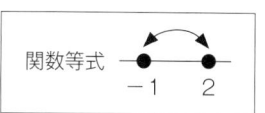

関数等式　−1　2

という関係式が得意な方法もあります。それぞれに得意な方向を伸ばせばよいわけです。

ゼータへの何通りもの道を開拓しておくと、このように面白い風景が見えてきます。

3.2 リーマン予想について知られていること

20世紀に $\zeta(s)$ のリーマン予想の研究は大きく進展しました。詳しく説明すると本が何冊あっても足りないほどの研究になります。かなり詳しい解説は次の本にまとめられています：

· 黒川信重『リーマン予想の150年』岩波書店,2009年.

ごく簡単に述べましょう。ちょうど100年前の1914年にはハーディが『$\text{Re}(\rho) = \frac{1}{2}$ となる零点 ρ は無限個存在する』を証明しました。この結果は、リーマン予想を支持する初めて

のものです。同じ、1914年にはボーアとランダウが『Re(s) = $\frac{1}{2}$ の近くに零点が密集している』ことを証明しました。この、1914年に出版されたハーディ論文およびボーア・ランダウ論文によってリーマン予想研究が本格化されました。その後、虚の零点 ρ 全体の 40％（ある意味で）は Re(ρ) = $\frac{1}{2}$ をみたしていることも証明されています。

　虚の零点 ρ に対して、リーマンは 1859 年に

$$0 \leqq \mathrm{Re}(\rho) \leqq 1$$

を示していました。この方向で、Re(ρ) の大きさを

$$a \leqq \mathrm{Re}(\rho) \leqq b$$

の形に改良することは、19世紀以来ほとんど進歩がありません。もちろん、リーマン予想は $a = b = \frac{1}{2}$ にとれることを言っていますが、上の形で証明できることは $a = 0, b = 1$ というリーマンが知っていた

$$0 \leqq \mathrm{Re}(\rho) \leqq 1$$

のみです。150年も経っているのに進歩がないのは驚きですね。
　等号がなくてもよいなら、1896 年に素数定理

$$\lim_{x \to \infty} \frac{\pi(x)}{\frac{x}{\log x}} = 1$$

を証明したド・ラ・ヴァレ・プーサンとアダマールの評価

$$0 < \mathrm{Re}(\rho) < 1$$

——つまり、リーマンの評価の等号を除いたもの——まではわかっています。その改良、たとえば

$$\frac{1}{4} \leqq \mathrm{Re}(\rho) \leqq \frac{3}{4}$$

くらいは150年経っているのでできていてよさそうですが、悲しいことにできていません。

20世紀には、いろいろなゼータにリーマン予想を拡張することが考えられました。本来の$\zeta(s)$のリーマン予想は解けなかったのですが、次の2つの場合は解けました：

（1）合同ゼータのリーマン予想
（2）セルバーグゼータのリーマン予想．

どちらも、20世紀数学の金字塔とされているものです。
（1）は、有限体上の代数多様体のゼータについてのリーマン予想で、グロタンディークの1960年代の膨大な研究（論文

1万ページ程）の後に、弟子のドリーニュが今から40年前の1974年に証明を完成しました。

（2）は、リーマン面のゼータについてのリーマン予想で、セルバーグが1950年代前半に証明を完成し、ちょうど60年前の1954年に詳細をゲッチンゲン大学における講義で公表しました。

（1）（2）どちらも、ゼータの行列式表示を確立し、零点（および極）を固有値として捉えて、リーマン予想の証明に至りました。合同ゼータなどについて、より詳しくは3.4節を読んでください。

3.3 リーマン予想の解き方3通り

20世紀にはリーマン予想の研究が進みましたが、$\zeta(s)$のリーマン予想は残念ながら歯が立たない難問で、結局は証明できませんでした。21世紀になって絶対ゼータ・数力が発見されて、新局面を迎えました。

本書では、絶対ゼータ・数力に関連している、次の3つのアプローチを考えます：

(A) 絶対ゼータ・数力による解決
(B) 合同ゼータの一般化による解決
(C) 深リーマン予想による解決．

詳しくは、それぞれ3.5節、3.6節、3.7節をご覧ください。どれも、基本的には、絶対ゼータ・数力あるいはより一般に絶対数学に関連してきますので、ここでは問題を一つ解いてみましょう。そのために、実数の中で1次式に分解してしまう有理関数の絶対テンソル積（黒川テンソル積）を定義しておきます：

$$Z_j(s) = \prod_a (s-a)^{m_j(a)} \quad (j = 1, 2, \cdots, n)$$

のとき

$$Z_1(s) \otimes \cdots \otimes Z_n(s) = \prod_{(a_1, \cdots, a_n)} (s-(a_1+\cdots+a_n))^{m_1(a_1)\cdots m_n(a_n)}$$

を絶対テンソル積（黒川テンソル積）といいます（a が複素数のときは虚部の符号で変形します：黒川『現代三角関数論』岩波書店, 2013年, 第8章参照）。

たとえば、

$$Z_1(s) = \frac{s-a_1}{s-a_2} = (s-a_1)^1(s-a_2)^{-1}$$

$$Z_2(s) = \frac{s-\beta_1}{s-\beta_2} = (s-\beta_1)^1(s-\beta_2)^{-1}$$

絶対テンソル積
黒川テンソル積

$\boxed{Z_1}, \boxed{Z_2}, \cdots \boxed{Z_r}$

$\boxed{Z_1 \otimes Z_2 \otimes \cdots \otimes Z_r}$

なら

$$Z_1(s) \otimes Z_2(s) = \frac{(s-a_1-\beta_1)(s-a_2-\beta_2)}{(s-a_1-\beta_2)(s-a_2-\beta_1)}$$

です。

問題3

> $n \geq 2$ に対して
>
> $$\left(\frac{s}{s-\frac{1}{2}}\right)^{\otimes n} = \overbrace{\left(\frac{s}{s-\frac{1}{2}}\right) \otimes \cdots \otimes \left(\frac{s}{s-\frac{1}{2}}\right)}^{n\text{個}}$$
>
> を計算し、その零点と極を求めなさい。

解答

$$Z_n(s) = \left(\frac{s}{s-\frac{1}{2}}\right)^{\otimes n}$$

とおく。実際に計算してみると

$$Z_1(s) = \frac{s}{s-\frac{1}{2}},$$

$$Z_2(s) = \frac{s(s-1)}{\left(s-\frac{1}{2}\right)^2},$$

$$Z_3(s) = \frac{s(s-1)^3}{\left(s-\frac{1}{2}\right)^3\left(s-\frac{3}{2}\right)},$$

$$Z_4(s) = \frac{s(s-1)^6(s-2)}{\left(s-\frac{1}{2}\right)^4\left(s-\frac{3}{2}\right)^4}$$

のようになり、一般に

$$Z_n(s) = \prod_{k=0}^{n} \left(s - \frac{k}{2}\right)^{(-1)^k \binom{n}{k}}$$

と推測される。これは数学的帰納法で証明できる。

実際、(1) $n = 1$ のときは成立する。次に、

    (2) $n \geqq 2$ のときに、$n-1$ に対しては成立すると仮定する。

すると

$$Z_{n-1}(s) = \prod_{k=0}^{n-1} \left(s - \frac{k}{2}\right)^{(-1)^k \binom{n-1}{k}}$$

となる。したがって、

$$Z_n(s) = Z_{n-1}(s) \otimes Z_1(s)$$

$$= \left(\prod_{k=0}^{n-1} \left(s - \frac{k}{2}\right)^{(-1)^k \binom{n-1}{k}}\right) \otimes \left(\frac{s}{s - \frac{1}{2}}\right)$$

$$= \prod_{k=0}^{n-1} \left(s - \frac{k}{2}\right)^{(-1)^k \binom{n-1}{k}} \times \prod_{k=0}^{n-1} \left(s - \frac{k+1}{2}\right)^{-(-1)^k \binom{n-1}{k}}$$

$$= \prod_{k=0}^{n-1} \left(s - \frac{k}{2}\right)^{(-1)^k \binom{n-1}{k}} \times \prod_{k=0}^{n} \left(s - \frac{k}{2}\right)^{(-1)^k \binom{n-1}{k-1}}$$

$$= \prod_{k=0}^{n} \left(s - \frac{k}{2}\right)^{(-1)^k \left(\binom{n-1}{k} + \binom{n-1}{k-1}\right)} = \prod_{k=0}^{n} \left(s - \frac{k}{2}\right)^{(-1)^k \binom{n}{k}}$$

が成立する。ここで、

$$\binom{n}{k} = \binom{n-1}{k} + \binom{n-1}{k-1}$$

が $k = 0, \cdots, n$ に対して成立することを用いた。

よって、数学的帰納法により、$Z_n(s)$ の表示式が $n = 1, 2, 3, \cdots$ に対して成立することが証明された。

この表示式により、$Z_n(s)$ の

$$\begin{cases} 零点は s = \dfrac{k}{2} \ \cdots \ k は 0 \sim n の偶数, \\ 極 \ \ \ は s = \dfrac{k}{2} \ \cdots \ k は 1 \sim n の奇数 \end{cases}$$

である。 【解答終】

> **注意** 第1章の数力の定義によれば
>
> $$Z_n(s) = \zeta_{\underbrace{\left(\frac{1}{2}, \cdots, \frac{1}{2}\right)}_{n\,個}}(s)^{(-1)^{n-1}}$$
>
> となっています。なお、帰納法の証明のところでは関係式
>
> $$Z_n(s) = Z_{n-1}(s) \otimes Z_1(s)$$
>
> $$= \frac{Z_{n-1}(s)}{Z_{n-1}\left(s - \dfrac{1}{2}\right)}$$
>
> が見通しが良いでしょう。

3.4 合同ゼータと絶対ゼータ

素数 p に対して

$$\mathbb{F}_p = \{0, 1, \cdots, p-1\}$$

を p 元体と言います。これは、加減乗除という四則計算ができるため「体」（タイ：英語では $field$）と呼ばれています。その計算は整数の計算をして p で割った余りを答えとすればよいのです。一番簡単なのは $p = 2$ の場合です。足し算と掛け算を表にしておきましょう：$\mathbb{F}_2 = \{0,1\}$.

+	0	1
0	0	1
1	1	0

足し算

×	0	1
0	0	0
1	0	1

掛け算

引き算は

$$\begin{cases} 1 - 1 = 0 \\ 0 - 1 = 1 \\ 1 - 0 = 1 \\ 0 - 0 = 0, \end{cases}$$

割り算は

$$\begin{cases} 1 \div 1 = 1 \\ 0 \div 1 = 0 \end{cases}$$

と簡単です。この F_2 はコンピューター内の演算の基本になっています。

別の例も書いてみましょう：$p=5$ のときの $F_5 = \{0,1,2,3,4\}$.

+	0	1	2	3	4
0	0	1	2	3	4
1	1	2	3	4	0
2	2	3	4	0	1
3	3	4	0	1	2
4	4	0	1	2	3

足し算

×	0	1	2	3	4
0	0	0	0	0	0
1	0	1	2	3	4
2	0	2	4	1	3
3	0	3	1	4	2
4	0	4	3	2	1

掛け算

☆引き算と割り算の例

$$4 - 2 = 2 \quad 4 \div 2 = 2$$
$$3 - 2 = 1 \quad 3 \div 2 = 4$$
$$2 - 2 = 0 \quad 2 \div 2 = 1$$
$$1 - 2 = 4 \quad 1 \div 2 = 3$$
$$0 - 2 = 3 \quad 0 \div 2 = 0$$

割り算だけ注意しておきますと、

  $a \div b = c$

は

  $a = b \times c$

と同じことですので、割り算をするときには、掛け算の計算の逆をやればよいわけです。たとえば

$$3 \div 2 = 4 \quad \Leftrightarrow \quad 3 = 2 \times 4$$
$$1 \div 2 = 3 \quad \Leftrightarrow \quad 1 = 2 \times 3$$

などです。あるいは、2 で割るときは $\frac{1}{2} = 3$ を掛けることによって

$$4 \div 2 = 4 \times \frac{1}{2} = 4 \times 3 = 2$$

$$3 \div 2 = 3 \times \frac{1}{2} = 3 \times 3 = 4$$

$$2 \div 2 = 2 \times \frac{1}{2} = 2 \times 3 = 1$$

$$1 \div 2 = 1 \times \frac{1}{2} = 1 \times 3 = 3$$

$$0 \div 2 = 0 \times \frac{1}{2} = 0 \times 3 = 0$$

というふうに計算しても同じことです。

合同ゼータを定義するためには、代数的集合（スキーム）が必要です。代数的集合とは多項式（ここでは整数係数の多項式 —— 多変数でもよい —— とします）の共通零点のことです。

つまり、整数係数多項式 $f_1(x_1,\cdots,x_n),\cdots,f_l(x_1,\cdots,x_n)$ によって

$$X=\{(x_1,\cdots,x_n) \mid f_1(x_1,\cdots,x_n)=0,\cdots,f_l(x_1,\cdots,x_n)=0\}$$

と書けるもののことです。

たとえば

$$X_r=\{(x_1,\cdots,x_{r+1}) \mid x_1\cdots x_{r+1}=1\}$$

がそうです。これは、

$$f_1(x_1,\cdots,x_n)=x_1\cdots x_{r+1}-1$$

としたものです。なお、X_r には「乗法群スキーム r 個の積」$\mathbb{G}_m^r$ という名前が付いています。

代数的集合 X の合同ゼータは

$$\zeta_{X/\mathbb{F}_p}(s)=\exp\left(\sum_{m=1}^{\infty}\frac{|X(\mathbb{F}_{p^m})|}{m}p^{-ms}\right)$$

と構成されます。ここで、

$$X(\mathbb{F}_{p^m}) = \left\{ (x_1, \cdots, x_n) \,\middle|\, \begin{array}{l} x_1, \cdots, x_n \in \mathbb{F}_{p^m} \\ f_1(x_1, \cdots, x_n) = 0, \cdots, f_l(x_1, \cdots, x_n) = 0 \end{array} \right\}$$

と決まり、$|X(\mathbb{F}_{p^m})|$ はその元の個数です。ただし、$\mathbb{F}_{p^m}$ というのは p^m 元からなる体で $\mathbb{F}_p$ の m 次元拡大(ただ 1 つに確定)です。これは、1830 年頃にガロアが考えた有限体というものです。その構成は適当な『代数学』の教科書を見てください。コンピューターでは $\mathbb{F}_2$ だけでなく $\mathbb{F}_4$, $\mathbb{F}_8$, $\mathbb{F}_{16}$, …なども活躍しています。

前にあげた

$$X_r = \{ (x_1, \cdots, x_{r+1}) \mid x_1 \cdots x_{r+1} = 1 \}$$

のときは

$$X_r(\mathbb{F}_{p^m}) = \left\{ (x_1, \cdots, x_{r+1}) \,\middle|\, \begin{array}{l} x_1, \cdots, x_{r+1} \in \mathbb{F}_{p^m} \\ x_1 \cdots x_{r+1} = 1 \end{array} \right\}$$

ですが、掛けて 1 という条件は

『$x_1, \cdots, x_r \in \mathbb{F}_{p^m} - \{0\}$ は任意』

ということと同じことです:そのとき、x_{r+1} は $(x_1 \cdots x_r)^{-1}$ と

して自然に決まります。したがって

$$\left| X_r(\mathbb{F}_{p^m}) \right| = (p^m-1)^r$$

です。よって、X_r の合同ゼータは

$$\zeta_{Xr/\mathbb{F}_p}(s) = \exp\left(\sum_{m=1}^{\infty} \frac{(p^m-1)^r}{m} p^{-ms} \right)$$

です。その具体的な形は

$$\zeta_{Xr/\mathbb{F}_p}(s) = \prod_{k=0}^{r} (1-p^{k-s})^{(-1)^{r-k+1}\binom{r}{k}}$$

となりますが、計算など詳しくは第6章を見てください。

ここで、

$$\binom{r}{k} = {}_r\mathrm{C}_k = \frac{r!}{k!(r-k)!}$$

は2項係数です。たとえば

$$\zeta_{X_1/\mathbb{F}_p}(s) = \frac{1-p^{-s}}{1-p^{1-s}},$$

$$\zeta_{X_2/\mathbb{F}_p}(s) = \frac{(1-p^{1-s})^2}{(1-p^{2-s})(1-p^{-s})},$$

$$\zeta_{X_3/\mathbb{F}_p}(s) = \frac{(1-p^{2-s})^3(1-p^{-s})}{(1-p^{3-s})(1-p^{1-s})^3},$$

$$\zeta_{X_4/\mathbb{F}_p}(s) = \frac{(1-p^{3-s})^4(1-p^{1-s})^4}{(1-p^{4-s})(1-p^{2-s})^6(1-p^{-s})}$$

です。

合同ゼータ $\zeta_{X/\mathbb{F}_p}(s)$ は p^{-s} の有理関数であること（ドヴォーク 1960, グロタンディーク 1965）、さらに、リーマン予想の類似が成立することも証明されています（ドリーニュ 1974）。ここでのリーマン予想は

『零点と極の実部は $\frac{1}{2}\mathbb{Z}$ に入る』

… -1 $-\frac{1}{2}$ 0 $\frac{1}{2}$ 1 $\frac{3}{2}$ 2 …

$\frac{1}{2}\mathbb{Z}$

という広い意味（第1章1.5節）と解釈します。

さて、絶対ゼータとは今世紀に入って発見されたゼータで、"1元体 $\mathbb{F}_1$" 上のゼータと考えられるものです。ここでは1元体については踏み込みませんが、"1元"という名前にこだわると $\{1\}$ という1だけから成る"体"、演算は $1 \times 1 = 1$ という掛け算1つのみ、と思っていただけばよいでしょう（技術的には、0も加えて $\{1,0\}$ と考えることも便利です）。

代数的集合 X の絶対ゼータとは

$$\zeta_{X/\mathbb{F}_1}(s) = \text{"}\lim_{p \to 1} \zeta_{X/\mathbb{F}_p}(s)\text{"}$$

のことです。ここで、p が素数で 1 に行くことは難しそうですが、$\zeta_{X/\mathbb{F}_p}(s)$ が具体的に計算できた後に、形式的に $p \to 1$ とするものと考えてください。たとえば

$$\zeta_{X_1/\mathbb{F}_p}(s) = \frac{1-p^{-s}}{1-p^{1-s}}$$

ですので、

$$\zeta_{X_1/\mathbb{F}_1}(s) = \lim_{p \to 1} \frac{1-p^{-s}}{1-p^{1-s}} = \frac{s}{s-1} = \zeta_{(1)}(s),$$

同様にして

$$\zeta_{Xr/\mathbb{F}_1}(s) = \prod_{k=0}^{r} (s-k)^{(-1)^{r-k+1}\binom{r}{k}} = \zeta_{\underbrace{(1,\cdots,1)}_{r個}}(s)$$

です。ここで、$\zeta_{(a_1,\cdots,a_r)}(s)$ は第 1 章 1.3 節に出てきた数力です。**絶対ゼータが数力と一致しています**。計算は第 6 章をみてください。

ゼータの研究では例をたくさん知っていることが大切ですので、代数的集合（スキーム）$\mathrm{GL}(n)$ と $\mathrm{SL}(n)$ の合同ゼータと絶対ゼータを書いておきます。

$\mathrm{GL}(n) = \{(x_{11}, x_{12}, \cdots, x_{1n}, \cdots, x_{n1}, \cdots, x_{nn}, y) | \det(x_{ij}) \cdot y = 1\}$

は一般線形群スキーム、

$$\mathrm{SL}(n) = \{(x_{11}, x_{12}, \cdots, x_{n1}, \cdots, x_{nn}) \mid \det(x_{ij}) = 1\}$$

は特殊線形群スキームというものです。ここで

$$(x_{ij}) = \begin{pmatrix} x_{11} \cdots x_{1n} \\ \vdots \qquad \vdots \\ x_{n1} \cdots x_{nn} \end{pmatrix}$$

は n 行 n 列の正方行列、$\det(x_{ij})$ はその行列式です。

前の X_1 は

$$\mathrm{GL}(1) = \{(x_{11}, y) \mid x_{11} y = 1\}$$

と同じものです。また

$$\begin{aligned}
\mathrm{SL}(2) &= \left\{ (x_{11}, x_{12}, x_{21}, x_{22}) \mid \det\begin{pmatrix} x_{11} & x_{12} \\ x_{21} & x_{22} \end{pmatrix} = 1 \right\} \\
&= \{(x_{11}, x_{12}, x_{21}, x_{22}) \mid x_{11}x_{22} - x_{12}x_{21} = 1\} \\
&= \left\{ (x, y, u, v) \mid \det\begin{pmatrix} x & y \\ u & v \end{pmatrix} = 1 \right\} \\
&= \{(x, y, u, v) \mid xv - yu = 1\}
\end{aligned}$$

です。

このとき、

$$\left| \mathrm{GL}(n)(\mathbb{F}_{p^m}) \right| = (p^m)^{\frac{n(n-1)}{2}} (p^m-1)(p^{2m}-1)\cdots(p^{nm}-1),$$

$$\left| \mathrm{SL}(n)(\mathbb{F}_{p^m}) \right| = (p^m)^{\frac{n(n-1)}{2}} (p^{2m}-1)\cdots(p^{nm}-1)$$

となり、合同ゼータと絶対ゼータが計算できます。たとえば、

$$\zeta_{\mathrm{SL}(2)/\mathbb{F}_p}(s) = \frac{1-p^{1-s}}{1-p^{3-s}} : \text{関数等式は } s \leftrightarrow 4-s,$$

$$\zeta_{\mathrm{SL}(2)/\mathbb{F}_1}(s) = \frac{s-1}{s-3} : \text{関数等式は } s \leftrightarrow 4-s$$

です。一般に、

$$\zeta_{\mathrm{GL}(n)/\mathbb{F}_1}(s) = \zeta_{(1,2,\cdots,n)}\left(s - \frac{n(n-1)}{2}\right)$$

関数等式は $s \leftrightarrow \dfrac{n(3n-1)}{2} - s$

$$\zeta_{\mathrm{SL}(n)/\mathbb{F}_1}(s) = \zeta_{(2,3,\cdots,n)}\left(s - \frac{n(n-1)}{2}\right)$$

関数等式は $s \leftrightarrow \dfrac{n(3n-1)}{2} - 1 - s$

となります。

ここで、$n = 2, 3, 4, 5, 6, \cdots$ に対して

$$\frac{n(n-1)}{2} = 1, 3, 6, 10, 15, \cdots$$

という三角数と、$n = 1, 2, 3, 4, 5, \cdots$に対して

$$\frac{n(3n-1)}{2} = 1, 5, 12, 22, 35, \cdots$$

という五角数が思いがけずに出てきていて面白いですね（多角数については第2章2.4節参照）。

このように、絶対ゼータは数力とたくさん一致しています。それは、多重ガンマ・多重三角関数というものに結びつきます。絶対ゼータの背景や多重ガンマ・多重三角関数との関連などは

黒川信重『現代三角関数論』岩波書店，2013年

の第9章を読んでください。

3.5　リーマン予想の証明法（A）: 絶対ゼータ・数力

絶対ゼータ・数力については、第4章・第5章・第6章において計算を詳しくしますが、今は第1章で導入した

$$\zeta_{(a,b)}(s) = \frac{(s-a)(s-b)}{(s-a-b)s}$$

などを思い浮かべてもらえればけっこうです。

たとえば、

$$\zeta_{(\frac{1}{2},\frac{1}{2})}(s) = \frac{\left(s-\frac{1}{2}\right)^2}{(s-1)s}$$

が完備リーマンゼータ

$$\hat{\zeta}(s) = \frac{Z_1(s)}{(s-1)s}$$

と似ていることは3.2節で説明しました。これらはどちらも $s \leftrightarrow 1-s$ という関数等式をもっています。

リーマン予想の証明法（A）は

・絶対ゼータ・数力のリーマン予想を証明
・通常のゼータのリーマン予想を絶対ゼータ・数力の場合に帰着

を行うことです。帰着させるというのは、具体的には、通常のゼータ $Z(s)$ を

$$Z(s) = \prod_\lambda Z_\lambda(s),$$
$$Z_\lambda(s)：絶対ゼータ・数力$$

という形に絶対ゼータ・数力によって表示することです。

　これは大木の研究になぞらえるとわかりやすいでしょう。今までは大木（ゼータ）を地上の部分だけを見て調べていました。

これからは根まで含めて研究することになります。根のゼータが絶対ゼータ・数力です。

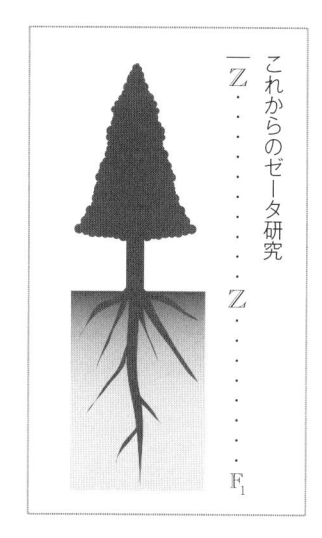

今までのゼータ研究: $\overline{\mathbb{Z}}$ ………… $\mathbb{Z}$

これからのゼータ研究: $\overline{\mathbb{Z}}$ ………… $\mathbb{Z}$ ………… $\mathbb{F}_1$

この背景には**関手性**(*functoriality*)があります。右図のようにゼータを考える対象 X_n があったとすると

『X_2/X_1 のガロア群（基本群）Γ の表現 ρ に対して

$$\zeta_{X_1}(s, \rho) = \zeta_{X_0}(s, \mathrm{Ind}_\Gamma^G(\rho))$$

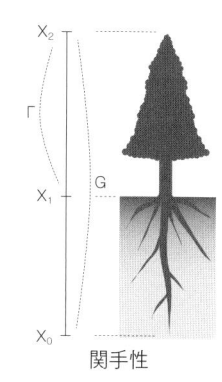

が成立する』

関手性

というものが関手性です。ここで、$\zeta_{X_1}(s, \rho)$はΓの表現ρの付いたX_1のゼータ、$\mathrm{Ind}_\Gamma^G(\rho)$は$\rho$から誘導された$G$の表現(誘導表現:英語では*induced representation*)、$\zeta_{X_0}(s, \mathrm{Ind}_\Gamma^G(\rho))$は$G$の表現$\mathrm{Ind}_\Gamma^G(\rho)$の付いた$X_0$のゼータです。要点は、**上にある X_1 のゼータを下のより基本的な X_0 のゼータで書ける**ということです。

実は、この関手性は日本の高木貞治が1920年に確立した類体論や、それをより一般の場合に拡張しようとする非可換類体論予想の**根本原理**です。上のゼータをより基本的な下のゼータで表す、という一見すると何でもないことのように思えるところに深い真実が埋まっているのです。

なお、非可換類体論予想とはラングランズ予想とも呼ばれるとおり、1970年にラングランズが提出したものです。現代数論では、フェルマー予想の証明(1995年、ワイルズとテイラー)、谷山予想の証明(2001年、テイラーたち)、佐藤テイト予想の証明(2011年、テイラーたち)と続々と大発展を遂げていますが、どれもがラングランズ予想を一部分証明できたことによるものです。

絶対ゼータ・数力のリーマン予想の証明は、明示的に計算することによって着々と実証されています。2011年にコンヌとコンサニは、有限次元の絶対スキームに対する絶対ゼータを黒川テンソル積によって書き上げることを完了するという画期的な成果を得ました。これによって、リーマン予想を絶対ゼータ

に対して確認することは簡単なことです。

通常のゼータに応用する際の技術的なことについて注意しますと、無限次元の絶対スキームも取り込みたい、ということです。と言いますのは、X_0 を絶対点 $\mathrm{Spec}(\mathbb{F}_1)$ とした場合に使うためには X_1 は X_0 上の無限次元スキームに普通はなってしまうからです。

もう1点注意を付け加えますと、関手性の等式

$$\zeta_{X_1}(s, \rho) = \zeta_{X_0}(s, \mathrm{Ind}_\Gamma^G(\rho))$$

を用いる際には $\mathrm{Ind}_\Gamma^G(\rho)$ を G の既約表現に分解して

$$\mathrm{Ind}_\Gamma^G(\rho) = \bigoplus_{\pi \in \hat{G}} m(\pi)\pi$$

とし

$$\zeta_{X_1}(s, \rho) = \zeta_{X_0}(s, \bigoplus_{\pi \in \hat{G}} m(\pi)\pi)$$

$$= \prod_{\pi \in \hat{G}} \zeta_{X_0}(s, \pi)^{m(\pi)}$$

とすることによって（積は適宜正規化）、X_0 の既約ゼータ（既約絶対ゼータ・既約数力）などの研究に帰着することが大切です。20世紀のゼータ研究の言葉では、ゼータの行列式表示に

対応しています。

3.6 リーマン予想の証明法（B）：合同ゼータ

これは通常のゼータ $Z(s)$ に対して、素数 p における量子化

$$Z(s) \xrightarrow{\text{量子化}} Z_p(s)$$

を行う方法です。$Z_p(s)$ は黒川テンソル積によって

$$Z_p(s) = Z(s) \otimes \zeta_{\mathbb{F}_p}(s)$$

としたものです。ここで、

$$\zeta_{\mathbb{F}_p}(s) = \frac{1}{1-p^{-s}}$$

は p 元体 $\mathbb{F}_p$ のゼータです。たとえば、

$$Z(s) = Z_X(s)$$

と、あるスキーム X のゼータになっているなら

$$Z_p(s) = Z_{X \underset{\mathbb{F}_1}{\otimes} \mathbb{F}_p}(s)$$

というものです。具体的には、単純化すると、

$$Z(s) = \prod_a (s-a)^{m(a)}$$

なら

$$Z_p(s) = \prod_a (1-p^{a-s})^{m(a)}$$

を想定しておいていただければよいでしょう。

このようにして、$Z_p(s)$ は"合同ゼータ"（$\mathbb{F}_p$ 上のゼータ）と考えられます。合同ゼータの場合はリーマン予想が証明されています。これは、正確には $\mathbb{F}_p$ 上の有限次元スキームのときです。ところが、$X \underset{\mathbb{F}_1}{\otimes} \mathbb{F}_p$ は、しばしば、無限次元になりますので、一仕事必要です。この、無限次元の場合にリーマン予想が証明できたとすると、古典化 $p \to 1$（第6章参照）

$$Z_p(s) \xrightarrow[p \to 1]{\text{古典化}} Z(s)$$

によって、$Z(s)$ のリーマン予想の解決が得られるでしょう。古典化を実際に行わなくとも、黒川テンソル積の構成から

$$Z_p(s) = Z(s) \otimes \zeta_{\mathbb{F}_p}(s)$$

がリーマン予想をみたせば、$Z(s)$ もリーマン予想をみたすことは自然なことです。

なお、3.4節で考えた

$$X_r = \{(x_1, \cdots, x_{r+1}) \mid x_1 \cdots x_{r+1} = 1\}$$

のときは

$$\zeta_{X_r/\mathrm{F}_1}(s) \underset{\text{古典化}}{\overset{\text{量子化}}{\rightleftarrows}} \zeta_{X_r/\mathrm{F}_p}(s)$$

は、すべてが具体的に求まります（第6章参照）ので、よい練習になるでしょう。

3.7　リーマン予想の証明法（C）：深リーマン予想

ゼータはオイラー積をもっているのが通常です。深リーマン予想とは

『オイラー積は関数等式の中心で（漸近）収束する』

という予想です。これは強力な予想で、リーマン予想を導きます。

具体的な場合を1つ書いておきましょう。オイラーのゼータ

$$L(s) = \prod_{p:奇素数} (1-(-1)^{\frac{p-1}{2}} p^{-s})^{-1}$$

$$= \sum_{n \geq 1 奇数} (-1)^{\frac{n-1}{2}} n^{-s}$$

$$= 1 - 3^{-s} + 5^{-s} - 7^{-s} + 9^{-s} - \cdots$$

を考えます(第10章でも$L(s)$を扱います)。このときは、深リーマン予想とリーマン予想は次のようになっていて、深リーマン予想からリーマン予想が導かれることが証明されています。

『$L(s)$の深リーマン予想: $\prod_{p:奇素数} (1-(-1)^{\frac{p-1}{2}} p^{-\frac{1}{2}})^{-1}$は収束』

⬇

『$L(s)$のリーマン予想:(解析接続した)$L(s)$は$\mathrm{Re}(s) > \frac{1}{2}$に零点をもたない』

深リーマン予想に出てくる収束値は、コンピューターで数値計算してみますと、0.94〜0.95あたりになっています(ただし、pは小さい素数から順に掛けていかないといけません:「絶対収束」ではないのです)が、理論値も$\sqrt{2}L\left(\frac{1}{2}\right)$でよく合っていて、納得できます。深リーマン予想はリーマン予想を確信するのに、とてもよい方法です。

なお、

$$\left\lceil \prod_{p:\text{奇素数}} (1-(-1)^{\frac{p-1}{2}} p^{-1})^{-1} \text{ は } \frac{\pi}{4} \text{に収束} \right\rfloor$$

は「メルテンスの定理」と呼ばれ、1874年にメルテンスが証明しました。コンピューターが好きな人はこれを数値計算で確認してください。第10章で証明する通り、$L(1) = \frac{\pi}{4}$ です。

また、予想

$$\left\lceil \prod_{p:\text{奇素数}} (1-(-1)^{\frac{p-1}{2}} p^{-\frac{3}{4}})^{-1} \text{ は収束} \right\rfloor$$

はメルテンスの定理よりは格段に難しく深リーマン予想よりは易しいはずですが、証明されていません。これは、コンピューターによる数値計算がとてもよい収束性を示していて、疑いがないものになっています。収束の理論値は $L\left(\frac{3}{4}\right)$ です。その収束が証明されれば

$$\left\lceil L(s) \text{ は } \mathrm{Re}(s) > \frac{3}{4} \text{に零点をもたない} \right\rfloor$$

ということが証明され、リーマン予想がかなり証明されるという大結果になります。リーマン予想に関係する $L(s)$ の虚の零点の実部の範囲が $0 < \mathrm{Re}(s) < 1$ から $\frac{1}{4} \leq \mathrm{Re}(s) \leq \frac{3}{4}$ に前進（半減）します！

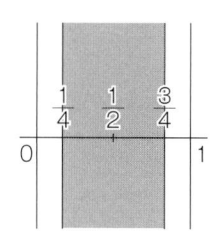

深リーマン予想は、リーマン予想とともに数学七大問題にあげられているバーチ・スウィンナートンダイヤー予想と深く関係していることも記しておきます。この場合の深リーマン予想は

『楕円曲線のゼータのオイラー積は関数等式の中心 $s = 1$ において漸近収束する』

という予想になっています。

実は、これはバーチとスウィンナートンダイヤーが、1960年代前半にケンブリッジ大学に導入されたてのコンピューターEDSACによる膨大な数値計算を行って、彼らの予想を作ったときの核心にあったのですが、時間が経って忘れられてしまいました。その後は、バーチ・スウィンナートンダイヤー予想は『解析接続されたゼータの中心における位数がモーデル・ヴェイユ群の階数に等しい』という定式化に移ってしまいました。21世紀は、深リーマン予想を通してリーマン予想とバーチ・スウィンナートンダイヤー予想が結びつく世紀です。

深リーマン予想の紹介につきましては、

黒川信重『リーマン予想の探求：ABCからZまで』技術評論社，2012年

を見てください。さらに、合同ゼータの場合にはリーマン予想だけでなく深リーマン予想まで証明が完了しています。その詳細は、深リーマン予想の世界初の教科書

黒川信重『**リーマン予想の先へ**』東京図書，2013年

において初めて出版されました。また、同書はメルテンスの定理の証明など、深リーマン予想に関連する基礎を見るのにも便利です。

　一般の深リーマン予想の証明には、合同ゼータの場合の証明との類比から見ても、（A）で述べた絶対ゼータ・数力による表示が収束性研究の有力な道具となることでしょう。

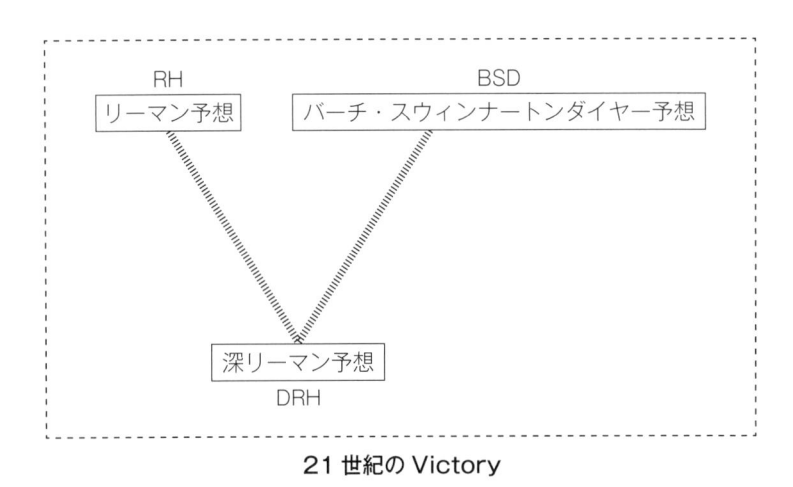

```
┌─────────────────────────────────────────────────┐
│    RH                    BSD                    │
│ ┌─────────┐    ┌──────────────────────────┐    │
│ │リーマン予想│    │バーチ・スウィンナートンダイヤー予想│    │
│ └─────────┘    └──────────────────────────┘    │
│       \\                    //                  │
│         \\                //                    │
│           \\            //                      │
│             ┌─────────┐                        │
│             │深リーマン予想│                        │
│             └─────────┘                        │
│                DRH                              │
└─────────────────────────────────────────────────┘
```

21世紀のVictory

第II部 数力研究

数力：新世紀ゼータ

第4章

数力は、21世紀になって発見された新しいゼータです。「絶対ゼータ」という呼び名も使われていますが、「ゼータ」には、歴史的に、オイラー積・関数等式・リーマン予想という三つ組が想定されてきましたので、「数力」という別名を積極的に使いたいと思います。それは、「絶対的ゼータ」「数力」はオイラー積が存在しない状況を相手にしているからです。もう一つの理由は、「ゼータ」というリーマンが偶然に付けた名前をカタカナ語で、使いつづけていることへの反省です。この本は、数力という呼び名を使う最初の本です。

4.1　数力

　数の組 $a = (a_1, \cdots, a_r)$, $a_1, \cdots, a_r > 0$ を考え、a の**数力**（数力関数と呼んでも良いでしょう）を

$$\zeta_a(s) = \prod_{I \subset \{1,\cdots,r\}} (s - a(I))^{(-1)^{|I|-r+1}}$$

と定義します。

　ここで、I は $\{1,\cdots,r\}$ の部分集合を動き、$a(I) = \sum_{i \in I} a_i$ とし、$|I|$ は I の元の個数を示しています。ただし、I が空集合のときには、$a(I) = 0$, $|I| = 0$ とします。

　次の問題を考えましょう。

問題 4A

> $a = (a_1, \cdots, a_r)$ に対して
>
> $$|a| = a(\{1, \cdots, r\}) = a_1 + \cdots + a_r$$
>
> とするとき、関数等式
>
> $$\zeta_a(|a|-s) = \zeta_a(s)^{(-1)^r}$$
>
> を証明しなさい。

ゼータには、このような美しい対称性がそなわっているのでうれしくなります。具体例から一般の場合へと考えてみましょう。

4.2 数力の例

簡単な例をやってみましょう。ここでは $r = 1, 2$ のときに計算します。ついでに、零点・極や関数等式の中心 $s = \dfrac{|a|}{2}$ における値(中心値)$\zeta_a\left(\dfrac{|a|}{2}\right)$ も見ておきましょう。

(1) $r = 1$

$a = (a_1)$ のときは

$$\zeta_a(s) = \frac{s}{s-a_1} : 関数等式は s \leftrightarrow a_1-s.$$

実際、

$$\zeta_a(a_1-s) = \frac{a_1-s}{(a_1-s)-a_1} = \frac{s-a_1}{s} = \zeta_a(s)^{-1}.$$

$$\begin{cases} 零点は s = 0, \\ 極は s = a_1. \end{cases}$$

中心値は

$$\zeta_a\left(\frac{a_1}{2}\right) = \frac{\frac{a_1}{2}}{-\frac{a_1}{2}} = -1.$$

(2) $r = 2$

$a = (a_1, a_2)$ のときは

$$\zeta_a(s) = \frac{(s-a_1)(s-a_2)}{(s-a_1-a_2)s} \quad : 関数等式は s \leftrightarrow a_1+a_2-s.$$

実際、

$$\zeta_a(a_1+a_2-s) = \frac{((a_1+a_2-s)-a_1)((a_1+a_2-s)-a_2)}{((a_1+a_2-s)-a_1-a_2)(a_1+a_2-s)}$$

$$= \frac{(a_2-s)(a_1-s)}{(-s)(a_1+a_2-s)}$$

$$= \frac{(s-a_1)(s-a_2)}{(s-a_1-a_2)s} = \zeta_a(s).$$

$$\begin{cases} 零点は s = a_1, a_2 \\ 極は s = 0, a_1+a_2. \end{cases}$$

中心値は

$$\zeta_a\left(\frac{a_1 + a_2}{2}\right) = \frac{\left(\dfrac{a_2-a_1}{2}\right)\left(\dfrac{a_1-a_2}{2}\right)}{\left(-\dfrac{a_1+a_2}{2}\right)\left(\dfrac{a_1+a_2}{2}\right)} = \left(\frac{a_1-a_2}{a_1+a_2}\right)^2.$$

どうです、$(a_1-a_2)^2$ に表れているように、数力が"数たちがひっぱりあっている"感じになってきましたか？

4.3 関数等式の証明

問題 4A を一般の場合に解決しましょう。

解答

$$\zeta_a(s) = \prod_{I\subset\{1,\cdots,r\}}(s-a(I))^{(-1)^{|I|-r+1}} \text{ より}$$

$$\zeta_a(|a|-s) = \prod_{I\subset\{1,\cdots,r\}}(|a|-s-a(I))^{(-1)^{|I|-r+1}} \text{ となる}。$$

ここで、I の補集合を

$$J = \{1,\cdots,r\}-I$$

とすると

$$|J| = r-|I|,$$
$$a(J) = a(\{1,\cdots,r\}-I)$$
$$= a(\{1,\cdots,r\})-a(I)$$
$$= |a|-a(I)$$

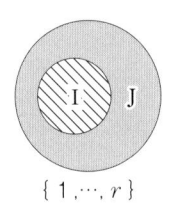

となるため、

$$\zeta_a(|a|-s) = \prod_{J\subset\{1,\cdots,r\}}(a(J)-s)^{(-1)^{|J|+1}}$$

$$= \prod_{J\subset\{1,\cdots,r\}}(s-a(J))^{(-1)^{|J|+1}} \times \prod_{J\subset\{1,\cdots,r\}}(-1)^{(-1)^{|J|+1}}$$

と変形できる。

ここで、

$$\prod_{J\subset\{1,\cdots,r\}}(-1)^{(-1)^{|J|+1}} = (-1)^{-\sum_J(-1)^{|J|}}$$

であるが、

$$\sum_{J}(-1)^{|J|} = \sum_{k=0}^{r}(-1)^k \binom{r}{k} = (1-1)^r = 0$$

なので

$$\prod_{J\subset\{1,\cdots,r\}}(-1)^{(-1)^{|J|+1}} = 1$$

とわかる。ただし、$k=|J|$ となる J の個数が $\binom{r}{k}$ 個 $\left(\binom{r}{k}={}_rC_k=\dfrac{r!}{k!(r-k)!}\text{ は2項係数}\right)$ であることと、2項定理

$$(x+y)^r = \sum_{k=0}^{r}\binom{r}{k}x^k y^{r-k}$$

を用いている。

したがって、関数等式

$$\zeta_a(|a|-s) = \zeta_a(s)^{(-1)^r}$$

が証明された。

【解答終】

4.4 $a = (\omega, \cdots, \omega)$ の場合

ここでは、$a = (\omega, \cdots, \omega)$ の場合を考えます。個数を表示するのが簡単になるために、

$$\mathbb{1}_r = (\underbrace{1, \cdots, 1}_{r\text{個}}),$$

$$\omega \mathbb{1}_r = (\underbrace{\omega, \cdots, \omega}_{r\text{個}}),$$

と書くことにします。次の問題を考えてください。

問題4B

> $a = \omega \mathbb{1}_r \, (\omega > 0)$ のとき $\zeta_a(s)$ の零点・極と中心値 $\zeta_a\left(\frac{|a|}{2}\right)$ を求めなさい。

解答

まず、$\zeta_a(s)$ を計算すると

$$\zeta_a(s) = \prod_{I \subset \{1, \cdots, r\}} (s - |I|\omega)^{(-1)^{|I|-r+1}}$$

$$= \prod_{k=0}^{r} (s - k\omega)^{(-1)^{k-r+1} \binom{r}{k}}$$

となる。ここで、$|I| = k$ となる $I \subset \{1, \cdots, r\}$ が $\binom{r}{k}$ 個あることを使っている。

これを見ると零点と極は次のようにわかる：

$$\begin{cases} 零点は s = k\omega：k は 0 \sim r-1 の整数で r-k が \\ \qquad 奇数のもの。重複度は \begin{pmatrix} r \\ k \end{pmatrix}. \\ 極は s = k\omega：k は 0 \sim r の整数で r-k が \\ \qquad 偶数のもの。重複度は \begin{pmatrix} r \\ k \end{pmatrix}. \end{cases}$$

中心値を調べるために、$\zeta_a(s)$ を $r = 1, \cdots, 7$ で具体的に書いてみると

$$\zeta_{\omega 1_1}(s) = \frac{s}{s-\omega},$$

$$\zeta_{\omega 1_2}(s) = \frac{(s-\omega)^2}{(s-2\omega)s},$$

$$\zeta_{\omega 1_3}(s) = \frac{(s-2\omega)^3 s}{(s-3\omega)(s-\omega)^3},$$

$$\zeta_{\omega 1_4}(s) = \frac{(s-3\omega)^4 (s-\omega)^4}{(s-4\omega)(s-2\omega)^6 s},$$

$$\zeta_{\omega 1_5}(s) = \frac{(s-4\omega)^5 (s-2\omega)^{10} s}{(s-5\omega)(s-3\omega)^{10}(s-\omega)^5},$$

$$\zeta_{\omega 1_6}(s) = \frac{(s-5\omega)^6 (s-3\omega)^{20} (s-\omega)^6}{(s-6\omega)(s-4\omega)^{15}(s-2\omega)^{15} s},$$

$$\zeta_{\omega 1_7}(s) = \frac{(s-6\omega)^7 (s-4\omega)^{35} (s-2\omega)^{21} s}{(s-7\omega)(s-5\omega)^{21}(s-3\omega)^{35}(s-\omega)^7}$$

というふうになる。

この具体例で中心値を計算してみると

$$\zeta_{\omega 1_1}\left(\frac{\omega}{2}\right) = \frac{\frac{\omega}{2}}{-\frac{\omega}{2}} = -1,$$

$$\zeta_{\omega 1_2}(\omega) = 0,$$

$$\zeta_{\omega 1_3}\left(\frac{3\omega}{2}\right) = \frac{\left(-\frac{\omega}{2}\right)^3\left(\frac{3\omega}{2}\right)}{\left(-\frac{3\omega}{2}\right)\left(\frac{\omega}{2}\right)^3} = 1,$$

$$\zeta_{\omega 1_4}(2\omega) = \infty,$$

$$\zeta_{\omega 1_5}\left(\frac{5\omega}{2}\right) = \frac{\left(-\frac{3\omega}{2}\right)^5\left(\frac{\omega}{2}\right)^{10}\left(\frac{5\omega}{2}\right)}{\left(-\frac{5\omega}{2}\right)\left(-\frac{\omega}{2}\right)^{10}\left(\frac{3\omega}{2}\right)^5} = 1,$$

$$\zeta_{\omega 1_6}(3\omega) = 0,$$

$$\zeta_{\omega 1_7}\left(\frac{7\omega}{2}\right) = \frac{\left(-\frac{5\omega}{2}\right)^7\left(-\frac{\omega}{2}\right)^{35}\left(\frac{3\omega}{2}\right)^{21}\left(\frac{7\omega}{2}\right)}{\left(-\frac{7\omega}{2}\right)\left(-\frac{3\omega}{2}\right)^{21}\left(\frac{\omega}{2}\right)^{35}\left(\frac{5\omega}{2}\right)^7} = 1$$

となる。

これから、中心値は

$$\zeta_{\omega 1_r}\left(\frac{r\omega}{2}\right) = \begin{cases} -1 \cdots r = 1 \text{ のとき}, \\ 1 \cdots r \geqq 3 \text{ 奇数のとき}, \\ 0 \cdots r = 4m+2 \quad (m = 0, 1, 2, \cdots) \text{ のとき}, \\ \infty \cdots r = 4m \quad (m = 1, 2, 3, \cdots) \text{ のとき} \end{cases}$$

となることが予想される。

このうち、$r \geq 3$ 奇数のとき以外はすぐわかる。以下、$r \geq 3$ 奇数の場合を扱う。関数等式（問題 $4A$）から

$$\zeta_{\omega 1_r}(s)\, \zeta_{\omega 1_r}(r\omega - s) = 1$$

であるので

$$\zeta_{\omega 1_r}\!\left(\frac{r\omega}{2}\right)^2 = 1,$$

したがって

$$\zeta_{\omega 1_r}\!\left(\frac{r\omega}{2}\right) = \pm\, 1$$

となる。よって、符号だけに着目すればよい。すると

$$\zeta_{\omega 1_r}\!\left(\frac{r\omega}{2}\right) = \prod_{k=0}^{\frac{r-1}{2}} (-1)^{\binom{r}{k}} = (-1)^{\sum_{k=0}^{\frac{r-1}{2}} \binom{r}{k}}$$

という表示を得る。

ここで、

$$\sum_{k=0}^{\frac{r-1}{2}} \binom{r}{k} = \frac{1}{2} \sum_{k=0}^{r} \binom{r}{k}$$

$$= \frac{1}{2}(1+1)^r$$

$$= 2^{r-1}$$

なので、奇数 $r \geqq 3$ に対して 2^{r-1} は偶数であり（$r=1$ のときは $2^{r-1} = 1$ は奇数であり例外的になっている）、

$$\zeta_{\omega 1_r}\left(\frac{r\omega}{2}\right) = 1$$

となる。 【解答終】

4.5　$a = (a_1, a_2, a_3)$ の場合

問題 4C

> $a = (a_1, a_2, a_3)$ の場合に、$\zeta_a(s)$ の零点・極と中心値 $\zeta_a\left(\frac{|a|}{2}\right)$ を求めなさい。

まずは、次の解答を見てください。

解答案

$$\zeta_a(s) = \frac{(s-a_1-a_2)(s-a_2-a_3)(s-a_3-a_1)s}{(s-a_1-a_2-a_3)(s-a_1)(s-a_2)(s-a_3)}$$

より

$$\begin{cases} \text{零点は} \quad s = 0,\ a_1+a_2,\ a_2+a_3,\ a_3+a_1 \\ \text{極は} \quad s = a_1,\ a_2,\ a_3,\ a_1+a_2+a_3 \end{cases}$$

であり、中心値は

$$\zeta_a\left(\frac{a_1+a_2+a_3}{2}\right) = \frac{\left(-\frac{a_1+a_2-a_3}{2}\right)\left(-\frac{-a_1+a_2+a_3}{2}\right)\left(-\frac{a_1-a_2+a_3}{2}\right)\left(\frac{a_1+a_2+a_3}{2}\right)}{\left(-\frac{a_1+a_2+a_3}{2}\right)\left(\frac{-a_1+a_2+a_3}{2}\right)\left(\frac{a_1-a_2+a_3}{2}\right)\left(\frac{a_1+a_2-a_3}{2}\right)}$$

となり、分子と分母は符号を込めて打ち消し合い

$$\zeta_a\left(\frac{a_1+a_2+a_3}{2}\right) = 1$$

となる。　　　　　　　　　　　　　　　　　　　　　　　【解答案終】

　例を 2 つ考えてみましょう。

例1 $a = (1,2,3)$.

このときは

$$\zeta_{(1,2,3)}(s) = \frac{(s-3)(s-4)(s-5)s}{(s-6)(s-1)(s-2)(s-3)} = \frac{s(s-4)(s-5)}{(s-1)(s-2)(s-6)}$$

$$= s^1(s-1)^{-1}(s-2)^{-1}(s-4)^1(s-5)^1(s-6)^{-1}$$

です。したがって、
$$\begin{cases} 零点は & 0,\,4,\,5\ (いずれも位数1) \\ 極は & 1,\,2,\,6\ (いずれも位数1) \end{cases}$$
となり、中心値は

$$\zeta_{(1,2,3)}(3) = 3^1 2^{-1} 1^{-1}(-1)^1(-2)^1(-3)^{-1}$$
$$= -1$$

となります。ここで、位数というのは重複度のことです。どちらの用語も使われます。

|例1| $a = (1,1,2)$.

このときは、

$$\zeta_{(1,1,2)}(s) = \frac{(s-2)(s-3)^2 s}{(s-4)(s-1)^2(s-2)}$$

$$= \frac{s(s-3)^2}{(s-1)^2(s-4)}$$

$$= s^1(s-1)^{-2}(s-3)^2(s-4)^{-1}$$

であり、

$$\begin{cases} 零点は & 0\ (位数1),\ 3\ (位数2) \\ 極は & 1\ (位数2),\ 4\ (位数1) \end{cases}$$

となります。中心値は

$$\zeta_{(1,1,2)}(2) = 2^1 \, 1^{-1}(-1)^2(-2)^{-1}$$
$$= -1$$

です。

このように、例1　例2ともに、上記の「解答案」とは、零点・極・中心値どれも違っています。今の例は具体的に計算したもので間違いはないはずですので、「解答案」が間違っていることになります。どこでしょう。

解答案を修正したものを付けておきます。

解答

いま、a_1, a_2, a_3のうち、ある2つの和が残りに等しくなるときを第1の場合と呼び、そうでないときを第2の場合と呼ぶことにします。

第1の場合

$a_3 = a_1 + a_2$のときを考えます。このときは

$$\zeta_a(s) = \frac{(s-a_1-a_2)(s-a_2-a_3)(s-a_3-a_1)s}{(s-a_1-a_2-a_3)(s-a_1)(s-a_2)(s-a_3)}$$

$$= \frac{(s-a_1-a_2)(s-a_1-2a_2)(s-2a_1-a_2)s}{(s-2a_1-2a_2)(s-a_1)(s-a_2)(s-a_1-a_2)}$$

$$= \frac{(s-a_1-2a_2)(s-2a_1-a_2)s}{(s-2a_1-2a_2)(s-a_1)(s-a_2)}$$

となります。ここで、分子と分母で打消し合いが起こる共通因子はありません。

したがって、$a_1 \neq a_2$ のときは

$$\begin{cases} \text{零点は} \quad 0,\ a_1+2a_2,\ 2a_1+a_2 \ （いずれも位数1） \\ \text{極は} \quad a_1,\ a_2,\ 2a_1+2a_2 \ （いずれも位数1） \end{cases}$$

となり、$a_1 = a_2$ のときは

$$\begin{cases} \text{零点は} \quad 0 \ （位数1），\ 3a_1 \ （位数2） \\ \text{極は} \quad a_1 （位数2），\ 4a_1 \ （位数1） \end{cases}$$

ということになります。また、中心値は

$$\zeta_a\left(\frac{a_1+a_2+a_3}{2}\right) = \zeta_a(a_1+a_2)$$

$$= \frac{(-a_2)(-a_1)(a_1+a_2)}{(-a_1-a_2)(a_2)(a_1)}$$

$$= -1$$

とわかります。

今は、$a_3 = a_1+a_2$ の場合を扱いましたが、$a_1 = a_2+a_3$ や $a_2 = a_3+a_1$ のときも全く同様です。とくに中心値は -1 とな

ります。

<u>第2の場合</u>

このときは、基本的にははじめの解答案が使えます。とくに中心値は 1 となります。

【解答終】

一般的に正しそうな計算の間違いが具体例を計算することで発見されることはよくあることです。たくさんの例を知っておくことが重要です。なお、第2の場合でも**零点と極の位数は、必ずしも位数 1 とは限りません**（4.4 節の例 $a = (\omega, \omega, \omega)$ など）ので、調べてみてください。

4.6 p-数力

これまで話してきた数力は 1-数力あるいは F_1-数力と言うべきものでしたが、$p>1$ に対して p-数力を定義しておくと便利です。具体的な例では、p が素数のとき（F_p-数力）が良くでてきます。

数の組 $a = (a_1, \cdots, a_r)$, $a_1, \cdots, a_r > 0$ に対して、p-数力を

$$\zeta_a^p(s) = \prod_{I \subset \{1,\cdots,r\}} (1-p^{a(I)-s})^{(-1)^{|I|-r+1}}$$

と定義します。たとえば、

$$r = 1 : \zeta_a^p(s) = \frac{1-p^{-s}}{1-p^{a_1-s}}$$

$$r = 2 : \zeta_a^p(s) = \frac{(1-p^{a_1-s})(1-p^{a_2-s})}{(1-p^{a_1+a_2-s})(1-p^{-s})},$$

$$r = 3 : \zeta_a^p(s) = \frac{(1-p^{a_1+a_2-s})(1-p^{a_2+a_3-s})(1-p^{a_3+a_1-s})(1-p^{-s})}{(1-p^{a_1+a_2+a_3-s})(1-p^{a_1-s})(1-p^{a_2-s})(1-p^{a_3-s})}$$

です。

次の問題を考えてみましょう。

問題 4D

> $\lim_{p \to 1} \zeta_a^p(s) = \zeta_a(s)$ を証明しなさい。

これは、$p=e^h$ と書いて h を量子力学におけるプランク定数にあたると見ています。

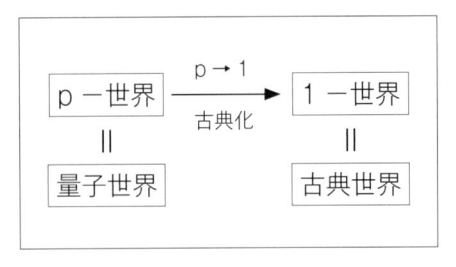

そのとき、「$p \to 1$」は図のような「古典化」の操作「$h \to 0$」と考えることができます。

解答

$q>0$、$q \neq 1$ に対して、複素数 x の q 類似を

$$[x]_q = \frac{1-q^x}{1-q}$$

と定義します（第6章と第9章参照）。このとき

$$\lim_{q \to 1} [x]_q = x$$

が成立します（6.3節で計算します：$q=1$ における「微分」になっています）。さらに、明示式

$$\zeta_a^p(s) = \prod_{I \subset \{1,\cdots,r\}} [s-a(I)]_{p^{-1}}^{(-1)^{|I|-r+1}}$$

が得られます。その計算は次のとおりです。まず

$$\prod_{I \subset \{1,\cdots,r\}} [s-a(I)]_{p^{-1}}^{(-1)^{|I|-r+1}}$$

$$= \prod_{I \subset \{1,\cdots,r\}} \left(\frac{1-(p^{-1})^{s-a(I)}}{1-p^{-1}} \right)^{(-1)^{|I|-r+1}}$$

$$= \prod_{I\subset\{1,\cdots,r\}} (1-p^{a(I)-s})^{(-1)^{|I|-r+1}} \times \prod_{I\subset\{1,\cdots,r\}} (1-p^{-1})^{(-1)^{|I|-r}}$$

$$= \zeta_a^p(s) \times \prod_{I\subset\{1,\cdots,r\}} (1-p^{-1})^{(-1)^{|I|-r}}$$

となります。ここで、

$$\prod_{I\subset\{1,\cdots,r\}} (1-p^{-1})^{(-1)^{|I|-r}} = (1-p^{-1})^{(-1)^r \sum_I (-1)^{|I|}}$$

ですが、4.3 節の通り

$$\sum_{I\subset\{1,\cdots,r\}} (-1)^{|I|} = 0$$

ですので、

$$\prod_{I\subset\{1,\cdots,r\}} [s-a(I)]_{p^{-1}}^{(-1)^{|I|-r+1}} = \zeta_a^p(s)$$

となります。

この表示さえわかれば、あとは

$$\lim_{p\to 1} [s-a(I)]_{p^{-1}} = s-a(I)$$

となることを使って

$$\lim_{p\to 1} \zeta_a^p(s) = \prod_{I\subset\{1,\cdots,r\}} (s-a(I))^{(-1)^{|I|-r+1}}$$

$$= \zeta_a(s)$$

となることがわかります。

【解答終】

第3章3.4節の例を p - 数力で書いておきましょう：

$$\zeta_{Xr/\mathbb{F}p}(s) = \zeta_{\mathbb{G}_m^r/\mathbb{F}p}(s) = \zeta^p_{\underbrace{(1,\cdots,1)}_{r個}}(s),$$

$$\zeta_{GL(n)/\mathbb{F}p}(s) = \zeta^p_{(1,\,2,\cdots,n)}\left(s - \frac{n(n-1)}{2}\right),$$

$$\zeta_{SL(n)/\mathbb{F}p}(s) = \zeta^p_{(2,\,3,\cdots,n)}\left(s - \frac{n(n-1)}{2}\right).$$

また、p - 数力に対しても、関数等式・零点・極・中心値などは、通常の数力（1-数力）の場合と同様に研究できますので、練習問題としてやってみてください。

逆数力：反対に見たら

第5章

数力の逆関数である逆数力をわかりやすい例を使って見てみましょう。リーマン予想はゼータの逆関数を明確に求めることに含まれています。視点を変えると新しい風景が広がってくることを体験してください。

5.1 リーマン予想と逆関数

ゼータ $Z(s)$ のリーマン予想は、零点および極の場所を精確に求めることが問題でした。

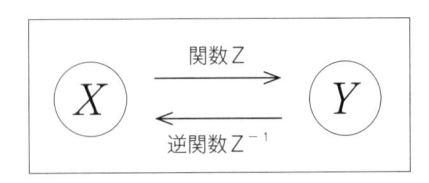

$$X \xrightarrow[\text{逆関数 } Z^{-1}]{\text{関数 } Z} Y$$

それは、関数

$$Z : \mathbb{C} \longrightarrow \mathbb{C} \cup \{\infty\}$$
$$s \longmapsto Z(s)$$

から見ると逆関数

$$Z^{-1} : \mathbb{C} \cup \{\infty\} \longrightarrow \text{"}\mathbb{C}\text{"}$$

に対して、明確に

$$Z^{-1}(0) = [Z(s) \text{の零点全体}],$$
$$Z^{-1}(\infty) = [Z(s) \text{の極全体}]$$

を求めることに含まれています。

この逆関数とは

$$Z^{-1}(s) = \{a \mid Z(a) = s\}$$

と決めた関数ですので、Z の像（値域）を

$$Z(\mathbb{C}) = \{Z(s) \mid s \in \mathbb{C}\}$$

としたときに、

$$Z^{-1} : \underset{\cup}{Z(\mathbb{C})} \to \underset{\cup}{\{\mathbb{C} \text{の部分集合全体}\}}$$
$$s \longmapsto Z^{-1}(s)$$

というのが実質的で正しい書き方ですが、省略した

$$Z^{-1} : \mathbb{C} \cup \{\infty\} \longrightarrow \mathbb{C}$$

のような形でも書きます。詳しくは 5.3 節で説明します。

これまで見てきた通り、リーマンゼータ $\zeta(s)$ の場合は

$$\begin{aligned}\zeta^{-1}(0) &= [\zeta(s) \text{の零点}] \\ &= \{\text{実零点}\} \cup \{\text{虚零点}\} \\ &= \{-2, -4, -6, \cdots\} \cup \{\rho \mid \zeta(\rho) = 0, 0 < \mathrm{Re}(\rho) < 1\}\end{aligned}$$

までは、わかっています。それより深いことがあまりわからないことがリーマン予想の問題点——リーマン予想の闇——なわけです。一方、極の方は

$$\zeta^{-1}(\infty) = [\zeta(s) \text{の極}]$$
$$= \{1\}$$

と簡単です。一般のゼータの場合には、零点と極ほとんどが同じ重要性をもっていて、極が無限個存在するものが普通に存在します。

なお、注意するまでもないでしょうが、逆関数 $Z^{-1}(s)$ は

$$Z(s)^{-1} = \frac{1}{Z(s)}$$

とは記号は似ていても全く別物ですので、混同しないでください。リーマンゼータ $\zeta(s)$ に対しては

$$\frac{1}{\zeta(s)} = \prod_{p:\text{素数}} (1-p^{-s})$$
$$= \sum_{n=1}^{\infty} \mu(n) n^{-s}$$

となります。ここで、$\mu(n)$ はメビウス関数です(第3章と第10章参照)。

5.2 根を求めること

1次方程式 $ax+b=0$ ($a \neq 0$) や2次方程式 $a^2+bx+c=0$ ($a \neq 0$) の根(解)を求めることは中学校でやりますが、これを

零点や逆関数から見るとどんなことになっているでしょうか？
　そのためには、関数

$$f(x) = ax+b,$$
$$g(x) = ax^2+bx+c$$

を考えるとよいのです。すると、

$$[f(x) = 0 \text{ の根}] = [f(x) \text{の零点}]$$
$$= f^{-1}(0),$$
$$[g(x) = 0 \text{ の根}] = [g(x) \text{の零点}]$$
$$= g^{-1}(0)$$

となっているわけです。どちらも、逆関数の 0 における "値" になっています。
　答えは、良く知られている通り

$$f^{-1}(0) = \left\{-\frac{b}{a}\right\},$$

$$g^{-1}(0) = \left\{\frac{-b+\sqrt{b^2-4ac}}{2a}, \frac{-b-\sqrt{b^2-4ac}}{2a}\right\}$$

でしたね。
　いまは逆関数の 0 のところの値を求めたのですが、他のところではどうなるでしょうか？

問題 5A

次の関数の逆関数を実数の範囲で求めなさい。

(1) $f(x) = 2x-1$.

(2) $g(x) = x^2-x$.

解答

(1) $f^{-1}(x) = \{a \mid f(a) = x\}$

ですが、

$f(a) = x$ は $2a-1 = x$ より

$$a = \frac{x+1}{2}$$

と解けます。よって

$$f^{-1}(x) = \left\{\frac{x+1}{2}\right\}$$

あるいは簡単に

$$f^{-1}(x) = \frac{x+1}{2}$$

と求まります。

ここの計算は次のようにやっても同じことです。

$$y = 2x-1$$

を x について解くと

$$2x = y+1$$

より

$$x = \frac{y+1}{2}.$$

ここで x と y を入れかえた

$$y = \frac{x+1}{2}$$

が逆関数、つまり

$$f^{-1}(x) = \frac{x+1}{2}.$$

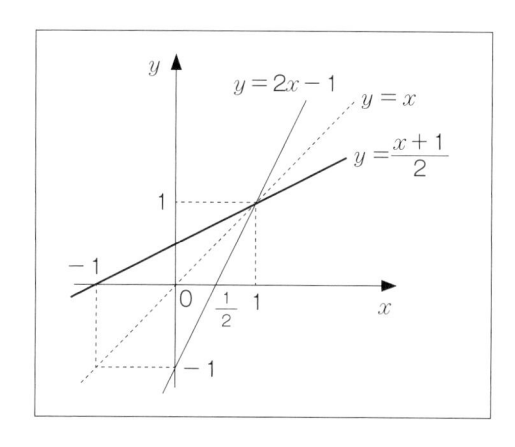

図では**太線**が逆関数のグラフ：もとの関数を $y = x$ につい

て折り返したもの。

(2) $g^{-1}(x) = \{a \mid g(a) = x\}$

を求めます。$g(a) = x$ は
$$a^2 - a - x = 0$$
を a について解いて

$$a = \frac{1 \pm \sqrt{1+4x}}{2}$$

となります。実数の中で求めることにしましたので

$$g^{-1}(x) = \begin{cases} \left\{\dfrac{1+\sqrt{1+4x}}{2}, \dfrac{1-\sqrt{1+4x}}{2}\right\} & \cdots x \geqq -\dfrac{1}{4} \text{のとき}, \\ \phi \text{（空集合）} & \cdots x < -\dfrac{1}{4} \text{のとき} \end{cases}$$

となります。

これも（1）と同じように、
$$y = x^2 - x$$
を
$$x^2 - x - y = 0$$
として、x について解いた
$$x = \frac{1 \pm \sqrt{1+4y}}{2}$$

において x と y を入れかえて

$$y = \frac{1 \pm \sqrt{1+4x}}{2}$$

と求めても良いです。

図で描くと逆関数のグラフは**太**線のようになります。

なお、$y = g(x)$ と $y = g^{-1}(x)$ のグラフの交点は $(0,0), (2,2)$ の2交点のみです。

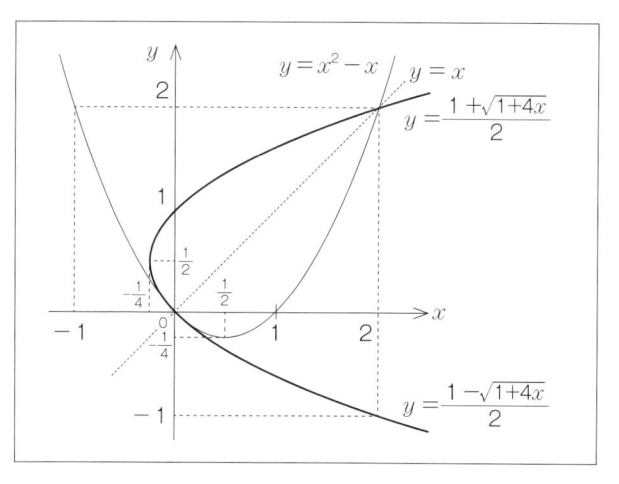

【解答終】

5.3 逆関数と逆写像

逆関数の定義についてまとめておきましょう。関数は写像の1つですので、逆関数は逆写像の1つです。一般に、関数や写像 $f: X \longrightarrow Y$ があったときに、その逆関数や逆写像 $f^{-1}: Y \longrightarrow "X"$ は

$$f^{-1}(y) = \{x \in X \mid f(x) = y\}$$

と決まるものです。正確には

$$f^{-1} : Y \longrightarrow \{X\text{の部分集合全体}\}$$

と書くべきものです。各 $y \in Y$ に対して、$f^{-1}(y)$ は X の元ではなくて、一般に X の部分集合になっているのです。関数とみると、"多価関数" ということになります。さらに、普通は $f^{-1}(y)$ が空集合になるところを除くために

$$f^{-1} : f(X) \longrightarrow \{X\text{の部分集合全体}\}$$

にします。ここで、

$$\begin{aligned} f(x) &= \{y \in Y \mid f^{-1}(y)\text{が空集合ではないもの}\} \\ &= \{f(x) \mid x \in X\} \end{aligned}$$

は f の像(関数のときは "値域")です。

また、5.2 節でも注意しましたが、$f : \mathbb{R} \longrightarrow \mathbb{R}$ という場合ですと、逆関数には見やすい描き方があります。それは

『$y = f(x)$ のグラフを直線 $y = x$ に関して折り返したものが $y = f^{-1}(x)$ のグラフになっている』

というしくみです。これは逆関数の定義そのものですので、確

かめてください：

$$\boxed{y = f(x)} \Leftrightarrow \boxed{x = f^{-1}(y)} \dashleftarrow\dashrightarrow \boxed{y = f^{-1}(x)}$$

同じもの　　　　$y = x$ について折り返し

例1　$f(x) = x$ のとき、$f^{-1}(x) = x$.
　　　よって　$f(x) = f^{-1}(x)$.

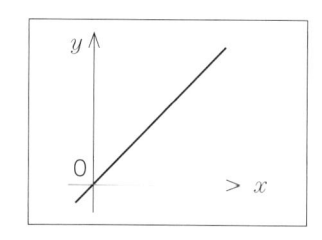

例2　$f(x) = x^2$ のとき、$f^{-1}(x) = \pm\sqrt{x}$.

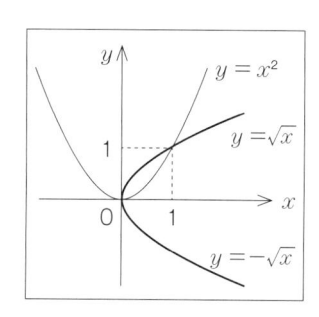

例3　$f(x) = x^3$ のとき、$f^{-1}(x) = \sqrt[3]{x}$．

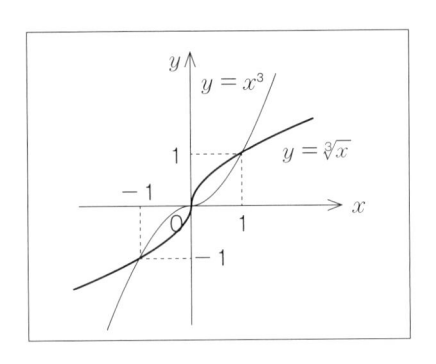

例4　$f(x) = \dfrac{1}{x}$ のとき、$f^{-1}(x) = \dfrac{1}{x}$．
　　　よって　$f(x) = f^{-1}(x)$．

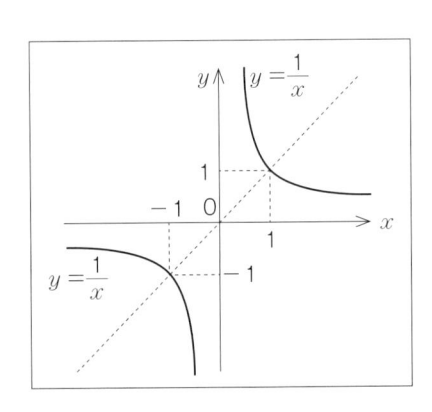

例5 $f(x) = \dfrac{x}{x-1}$ のとき、$f^{-1}(x) = \dfrac{x}{x-1}$.
よって $f(x) = f^{-1}(x)$.

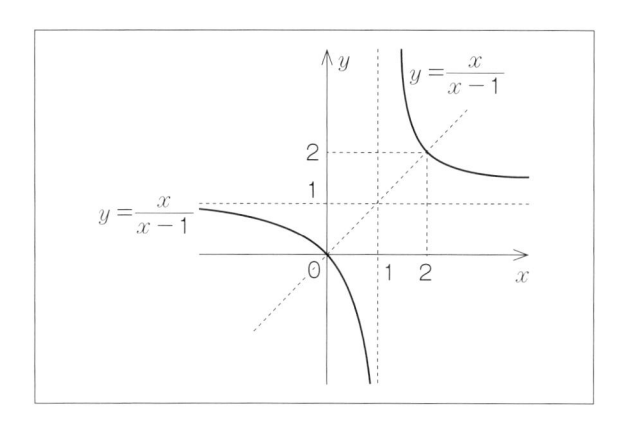

例6 $f(x) = \dfrac{x}{x-2}$ のとき、$f^{-1}(x) = \dfrac{2x}{x-1}$.

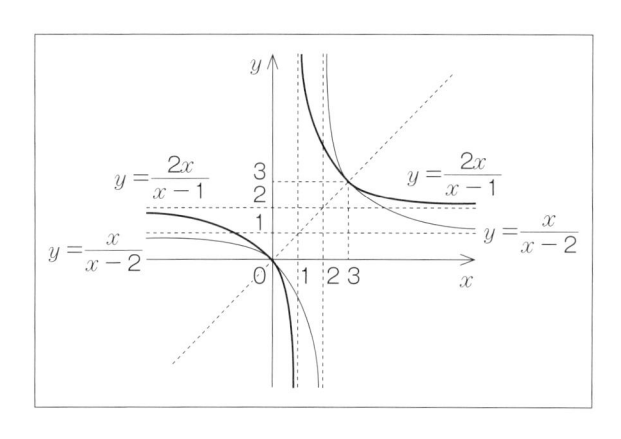

5.4 逆数力

数力 $\zeta_a(s)$ の逆関数を逆数力と呼びます。いくつか計算してみましょう。$5B$、$5C$、$5D$ とだんだん複雑になっていきますが、練習して慣れてください。

問題 5B

> $a = (a_1)$ のときの数力 $\zeta_a(s) = \dfrac{s}{s-a_1}$ に対して、逆数力 $\zeta_a^{-1}(s)$ を求めなさい。さらに、
> $$\zeta_a(s) = \zeta_a^{-1}(s)$$
> となるもの(関数として一致)を決定しなさい。

解答

変数を x にして
$y = \dfrac{x}{x-a_1}$ を考えた方がわかりやすい。これを

$$xy - a_1 y = x$$

つまり

$$(y-1)x = a_1 y$$

として、x について解くと

$$x = \dfrac{a_1 y}{y-1} .$$

よって、求める逆関数は

$$y = \frac{a_1 x}{x-1}.$$

したがって、

$$\zeta^{-1}_{(a_1)}(s) = \frac{a_1 s}{s-1}.$$

よって、数力と逆数力が一致するのは $a_1 = 1$ の場合、つまり $\zeta_{(1)}(s)$ の場合のみ.

【解答終】

5.3 節の 例5 は $\zeta_{(1)}(s)$ の場合、例6 は $\zeta_{(2)}(s)$ の場合です。なお、$r = 0$ の場合、すなわち $a = \phi$（空集合）のとき

$$\zeta_\phi(s) = \frac{1}{s}$$

と考えるのが自然です。実際

$$\zeta_\phi(s) = \prod_{I \subset \phi} (s - \phi(I))^{|I|-0+1}$$

という形になりますが、積では

$$I = \phi \text{ のみで、} \phi(I) = 0, \ |I| = 0$$

ですので

$$\zeta_\phi(s) = \frac{1}{s}$$

となります。このときも、5.3節の 例4 の通り、$\zeta_\phi^{-1}(s) = \zeta_\phi(s)$ となっています。

また、$r = 0, 1$ のときは、

$$\zeta_\phi(\mathbb{R}) = (\mathbb{R} \cup \{\infty\}) - \{0\},$$
$$\zeta_\phi^{-1}(0) = \phi,$$
$$\zeta_{(a_1)}(\mathbb{R}) = (\mathbb{R} \cup \{\infty\}) - \{1\},$$
$$\zeta_{(a_1)}^{-1}(1) = \phi$$

となっています。

問題 5C

> $a = (a_1, a_2)$ のときの数力 $\zeta_a(s)$ の逆数力 $\zeta_a^{-1}(s)$ に対して、
> $$\zeta_a^{-1}(s) = \phi$$
> となる s をすべて求めなさい。ただし、実数の範囲で考えることにします。

解答

$\zeta_{(a_1, a_2)}(s)$ の像を求めればわかる。結論を先に述べると、像は

$$\zeta_{(a_1, a_2)}(\mathbb{R}) = [-\infty, \left(\frac{a_1 - a_2}{a_1 + a_1}\right)^2] \cup (1, +\infty]$$

となり、
$$\zeta^{-1}_{(a_1,a_2)}(s) = \phi \Leftrightarrow \left(\frac{a_1-a_2}{a_1+a_1}\right)^2 < s \leqq 1$$

となる。簡単にするために
$$f(x) = \zeta_{(a_1,a_2)}(x) = \frac{(x-a_1)(x-a_2)}{(x-a_1-a_2)x}$$

とおく。$0 < a_1 \leqq a_2$ としても、一般性を失わない。このとき、$f(x)$ の増減を調べるために

$$f(x) = 1 + \frac{a_1 a_2}{(x-a_1-a_2)x}$$

を微分すると
$$f'(x) = -\frac{2a_1 a_2 \left(x - \dfrac{a_1+a_2}{2}\right)}{(x-a_1-a_2)^2 x^2}$$

となる。よって、$y = f(x)$ のグラフは図の曲線のようになる。

・■ より $(1, +\infty]$ は像に入る。

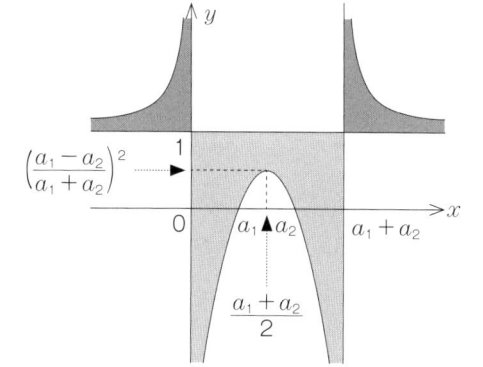

- ■より $\left[-\infty, \left(\dfrac{a_1-a_2}{a_1+a_1}\right)^2\right]$ も像に入る。

ここで、$0 \leqq \left(\dfrac{a_1-a_2}{a_1+a_1}\right)^2 < 1$ であることに注意する。

以上で $\zeta_{(a_1,a_2)}(\mathbb{R})$ が求まり、結論のようになる。なお、具体的に逆数力を求めると

$$\zeta_{(a_1,a_2)}^{-1}(s) = \frac{a_1+a_2}{2} \pm \frac{a_1+a_2}{2}\sqrt{\frac{s-\left(\dfrac{a_1-a_2}{a_1+a_2}\right)^2}{s-1}}$$

となる。ただし、

$$s \leqq \left(\dfrac{a_1-a_2}{a_1+a_2}\right)^2 \quad \text{または} \quad s > 1.$$

【解答終】

問題 5D

> $a = (a_1, a_2, a_3)$ のときの数力 $\zeta_a(s)$ の逆数力 $\zeta_a^{-1}(s)$ に対して、
> $$\zeta_a^{-1}(s) = \phi$$
> となる s をすべて求めなさい。ただし、実数の範囲で考えることにします。

解答

結論から先に述べると、第 4 章 4.5 節の分類を使うことに

よって、次の通り：

$$\begin{cases} (a_1, a_2, a_3)：第1の場合なら、\zeta_{(a_1,a_2,a_3)}^{-1}(s) = \phi \Leftrightarrow s = 1. \\ (a_1, a_2, a_3)：第2の場合なら、\zeta_{(a_1,a_2,a_3)}^{-1}(s) = \phi となるsは \\ \qquad 存在しない. \end{cases}$$

まず、表示

$$\zeta_{(a_1,a_2,a_3)}(s) = \frac{(s-a_1-a_2)(s-a_2-a_3)(s-a_3-a_1)s}{(s-a_1-a_2-a_3)(s-a_1)(s-a_2)(s-a_3)}$$

から

$$\zeta_{(a_1,a_2,a_3)}((a_1+a_2+a_3, +\infty)) = (1, +\infty),$$
$$\zeta_{(a_1,a_2,a_3)}((-\infty, \min(a_1, a_2, a_3))) = (-\infty, 1)$$

はわかりやすい。ここで、minは最小値を表す。

したがって、$\zeta_{(a_1,a_2,a_3)}(s) = 1$ となる s が存在するかどうかを見ればよい。そのために

$$\zeta_{(a_1,a_2,a_3)}(s) = 1 + 2a_1 a_2 a_3 \frac{s - \dfrac{a_1+a_2+a_3}{2}}{(s-a_1-a_2-a_3)(s-a_1)(s-a_2)(s-a_3)}$$

と変形しておく。この変形は分子を分母で割る多項式の計算をすると自然に出てくる。これより

$$\zeta_{(a_1,a_2,a_3)}(s) = 1 \quad \Rightarrow \quad s = \frac{a_1+a_2+a_3}{2}$$

である。逆向きの⇐も成り立ちそうに見えてしまうけれども、注意が必要となる。

まず、第2の場合には、$s = \frac{a_1+a_2+a_3}{2}$ のとき分母は0にならないので、たしかに

$$\zeta_{(a_1,a_2,a_3)}\left(\frac{a_1+a_2+a_3}{2}\right) = 1$$

である。ところが、第1の場合には、$s = \frac{a_1+a_2+a_3}{2}$ では分母も0となってしまう。実際、正確に計算すると、第1の場合には、第4章4.5節で示した通り

$$\zeta_{(a_1,a_2,a_3)}\left(\frac{a_1+a_2+a_3}{2}\right) = -1$$

となる。

よって第1の場合には

$$\zeta_{(a_1,a_2,a_3)}^{-1}(1) = \phi$$

となっている。これですべて求まった。

【解答終】

次の第6章では、数力を「古典化」という観点から調べます。

古典化

第6章

本章では、$p > 1$ に対して定義されたゼータを $p \to 1$ にしたときの様子を見ます。これは「古典化」と呼ばれる操作です。「量子化」（第9章参照）の逆の操作です。

この、古典化という言葉の由来は、$p = e^h$ となる $h > 0$ をとり（$h = \log p$ です）、h を量子力学におけるプランク定数に対応すると考えると、$p \to 1$ という操作は $h \to 0$ ということにあたるためです。「古典」というのは「$h = 0$」を指しています。

なお、"p" はもともと素数からきているのですが、ここでは $p > 1$ は実数とします（素数と明示しているところを除いて）。

6.1 問題

この章の目標は、次の問題を解いて古典化を体験することです。

問題6

> $p > 1$, $r = 1, 2, 3 \cdots$ に対して
> $$\zeta_r^p(s) = \exp\left(\sum_{m=1}^{\infty} \frac{(p^m - 1)^r}{m} p^{-ms}\right)$$
> とおくことにします。ここで、$\mathrm{Re}(s) > 0$ とします。さらに、
> $$\zeta_r^1(s) = \lim_{p \to 1} \zeta_p^r(s)$$
> とします。これを古典化と呼びます。

(1) $\zeta_r^p(s) = \prod_{k=0}^{r} (1-p^{k-s})^{(-1)^{r-k+1}\binom{r}{k}}$

を示しなさい。

(2) $\zeta_r^p(s)$ の零点と極を求めなさい。

(3) $\zeta_r^1(s) = \prod_{k=0}^{r} (s-k)^{(-1)^{r-k+1}\binom{r}{k}}$

を示しなさい。

(4) $\zeta_r^1(s)$ の零点と極を求めなさい。

★★ [練習] ★★

ちょっと $r = 1$ のときをやってみましょう。このときは

$$\zeta_1^p(s) = \exp\left(\sum_{m=1}^{\infty} \frac{p^m-1}{m} p^{-ms}\right)$$

ですので、指数関数と対数関数が逆関数であることを表している

$$\exp\left(\sum_{m=1}^{\infty} \frac{x^m}{m}\right) = \frac{1}{1-x} \qquad (|x|<1)$$

という公式を使いますと

$$\zeta_1^p(s) = \exp\left(\sum_{m=1}^{\infty} \frac{(p^{1-s})^m}{m}\right) \times \exp\left(\sum_{m=1}^{\infty} \frac{(p^{-s})^m}{m}\right)^{-1}$$

$$= \frac{1}{1-p^{1-s}} \times \left(\frac{1}{1-p^{-s}}\right)^{-1} = \frac{1-p^{-s}}{1-p^{1-s}}$$

となります。あとは、やってみてください。

なお、問題文には入っていませんが、$r = 0$ を考えてみるのも良い練習になります。このときは

$$\zeta_0^p(s) = \exp\left(\sum_{m=1}^{\infty} \frac{1}{m} p^{-ms}\right) = \frac{1}{1 - p^{-s}}$$

です。問題文に触れてないことや、極端な場合を考えると良いヒントが得られます。

6.2 問題攻略

まず、(1) を考えてみましょう。2項展開

$$(x + y)^r = \sum_{k=0}^{r} \binom{r}{k} x^k y^{r-k}$$

を用いますと

$$(p^m - 1)^r = \sum_{k=0}^{r} \binom{r}{k} p^{mk} (-1)^{r-k}$$

ですので、

$$\sum_{m=1}^{\infty} \frac{(p^m-1)^r}{m} p^{-ms} = \sum_{k=0}^{r} \binom{r}{k} (-1)^{r-k} \left(\sum_{m=1}^{\infty} \frac{1}{m} (p^{k-s})^m\right)$$

となります。

ここで、対数関数の公式

$$\sum_{m=1}^{\infty} \frac{1}{m} x^m = \log \frac{1}{1-x} \qquad (|x|<1)$$

を使って変形すると

$$\sum_{m=1}^{\infty} \frac{(p^m-1)^r}{m} p^{-ms} = \sum_{k=0}^{r} \binom{r}{k} (-1)^{r-k} \log \frac{1}{1-p^{k-s}}$$

$$= \sum_{k=0}^{r} \binom{r}{k} (-1)^{r-k+1} \log(1-p^{k-s})$$

$$= \log\left(\prod_{k=0}^{r} (1-p^{k-s})^{(-1)^{r-k+1}\binom{r}{k}}\right)$$

となりますので、

$$\zeta_r^p(s) = \prod_{k=0}^{r} (1-p^{k-s})^{(-1)^{r-k+1}\binom{r}{k}}$$

と求まります。

(2) の零点・極は、(1) の表示から

$$s : 零点 \Leftrightarrow 1-p^{k-s} = 0, \quad \begin{cases} r-k \text{ は } 1 \sim r \text{ の中の奇数} \\ (k = r-1,\ r-3, \cdots) \end{cases}$$

$$\Leftrightarrow s = k + \frac{2\pi i m}{\log p}, \quad \begin{cases} k = r-1,\ r-3, \cdots (k \geq 0) \\ m \text{ は整数}, \end{cases}$$

$$s : 極 \Leftrightarrow 1-p^{k-s} = 0, \quad \begin{cases} r-k \text{ は } 0 \sim r \text{ の中の偶数} \\ (k = r,\ r-2, \cdots) \end{cases}$$

$$\Leftrightarrow s = k + \frac{2\pi i m}{\log p}, \quad \begin{cases} k = r,\ r-2, \cdots\ (k \geq 0) \\ m \text{ は整数}, \end{cases}$$

となります。

（3）（4）は次からの節にしましょう。

6.3 問題の核心：古典化

この節では（3）を考えましょう。古典化を計算することです。そのために、q類似の記号を用意します。

q類似については、第4章ででてきましたし、第9章で「量子化」という面からも扱います。ここでは、次のことだけを使います：

$q > 0$, $q \neq 1$ となる q と複素数 x に対して、x の q 類似を

$$[x]_q = \frac{q^x - 1}{q - 1}$$

とおくと

$$\lim_{q \to 1} [x]_q = x$$

が成立します（必要があるときには $[x]_1 = x$ とおくことにします）。この極限の計算は

$$\lim_{q \to 1} \frac{q^x - 1}{q - 1} = \frac{d}{dq}(q^x)\bigg|_{q=1} = (xq^{x-1})\bigg|_{q=1} = x$$

とわかります（「ロピタルの定理」を使っても同じことです）。

この q 類似を $q = p^{-1}$ として用いますと

$$\zeta_r^p(s) = \prod_{k=0}^{r} [s-k]_{p^{-1}}^{(-1)^{r-k+1}\binom{r}{k}}$$

となっていました。そこで $p \to 1$ とすると

$$\lim_{p \to 1} [x]_{p^{-1}} = x$$

ですので

$$\zeta_r^1(s) = \prod_{k=0}^{r} (s-k)^{(-1)^{r-k+1}\binom{r}{k}}$$

とわかります。

6.4　解決編

最後の（4）を見ましょう。これは

$$\zeta_r^1(s) = \prod_{k=0}^{r} (s-k)^{(-1)^{r-k+1}\binom{r}{k}} = \frac{(s-(r-1))^r \cdots}{(s-r)^1 \cdots}$$

を良く見れば、

s：零点 $\Leftrightarrow$　$s = k$

　　　　　k は　$k = 0, \cdots, r-1$ のうち $r-k$ が奇数のもの

　　　$\Leftrightarrow$　$s = r-1, r-3, \cdots$　　　　　$(s \geq 0)$,

s：極　$\Leftrightarrow$　$s = k$

　　　　　k は　$k = 0, \cdots, r$ のうち $r-k$ が偶数のもの

　　　$\Leftrightarrow$　$s = r, r-2, \cdots$　　　　　$(s \geq 0)$

とわかります。

これで問題 6 は完全に解けました。

6.5 発展

問題 6 にでてきていた $\zeta_r^1(s)$ は，絶対ゼータという名前で呼ばれていたもので，21 世紀になって発見されたものです。解説としては、発見者による

黒川信重「ゼータの量子化・古典化」『現代数学』現代数学社, 2013 年 12 月号

があります。また、絶対数学の基礎については、

黒川信重・小山信也『**絶対数学**』日本評論社, 2010 年

が世界初で唯一の解説書です。

本書では第 1 章から「数力」という言葉を使いました。この用語では $\zeta_r^1(s)$ は数力あるいは数力関数と呼ぶのがわかりやすいでしょう。実は、第 1 章の記号を用いますと

$$\zeta_r^1(s) = \zeta_{\underbrace{(1,\cdots,1)}_{r\text{個}}}(s)$$

となっていることがわかります。

それは、

$$\zeta_{(1)}(s) = \frac{s}{s-1} = \zeta_1^1(s),$$

$$\zeta_{(1,1)}(s) = \frac{(s-1)^2}{(s-2)s} = \zeta_2^1(s),$$

$$\zeta_{(1,1,1)}(s) = \frac{(s-2)^3 s}{(s-3)(s-1)^3} = \zeta_3^1(s)$$

と、どんどん計算して確かめていっても良いのですが、第3章の数力一般の構成法を使うとわかりやすいです。それによると、

$$\zeta_{\underbrace{(1,\cdots,1)}_{r\text{個}}}(s) = \prod_{I \subset \{1,\cdots,r\}} (s-|I|)^{(-1)^{|I|-r+1}}$$

となります。ここで、I は $\{1, \cdots, r\}$ の部分集合（全部で 2^r 個）を動き、$|I|$ は I の元の個数を示しています。各 $k = 0, \cdots, r$ に対して、$|I| = k$ となる I は $\binom{r}{k}$ 個存在しますので

$$\zeta_{\underbrace{(1,\cdots,1)}_{r\text{個}}}(s) = \prod_{k=0}^{r} (s-k)^{(-1)^{k-r+1}\binom{r}{k}}$$

$$= \zeta_r^1(s)$$

となります。

さて、第3章3.4節の記号では、素数 p と代数的集合
$$X_r = \{(x_1, \cdots, x_{r+1}) \mid x_1 \cdots x_{r+1} = 1\}$$

に対して、その合同ゼータは

$$\zeta_{Xr/\mathbb{F}p}(s) = \exp\left(\sum_{m=1}^{\infty} \frac{|X_r(\mathbb{F}_{p^m})|}{m} p^{-ms}\right)$$

$$= \exp\left(\sum_{m=1}^{\infty} \frac{(p^m-1)^r}{m} p^{-ms}\right)$$

となっていました。これは問題6の記号では

$$\zeta_{Xr/\mathbb{F}p}(s) = \zeta_r^p(s)$$

に他なりません。したがって、

$$\zeta_{Xr/\mathbb{F}p}(s) = \prod_{k=0}^{r}(1-p^{k-s})^{(-1)^{r-k+1}\binom{r}{k}}$$

となります。

さらに、第3章3.4節の通り、絶対ゼータは

$$\zeta_{Xr/\mathbb{F}_1}(s) = \lim_{p\to 1} \zeta_{Xr/\mathbb{F}p}(s)$$

ですので、問題6の記号を使いますと

$$\zeta_{Xr/\mathbb{F}_1}(s) = \lim_{p\to 1} \zeta_r^p(s)$$

$$= \zeta^1_r(s) = \prod_{k=0}^{r} (s-k)^{(-1)^{r-k+1}\binom{r}{k}}$$

となります。

このようにして、

$$\zeta_{Xr/\mathbb{F}_1}(s) = \zeta_{\underbrace{(1,\cdots,1)}_{r\text{個}}}(s)$$

とわかります。

このように「古典化」の計算をやってみると、簡単なゼータ（今の場合では有理関数）が得られることが納得できたことでしょう。得られたゼータが数力や絶対ゼータということになります。一般のゼータを、そのような簡単なゼータに分解して研究することが第3章の「リーマン予想の証明法（A）」（3.5節）です。

第III部 ゼータ研究

整数零点の規則:どんどんふやそう

第7章

ここでは、問題を考えながら、整数零点に慣れることを目標にします。モデルとしては、リーマンゼータ

$$\zeta(s) = 1^{-s} + 2^{-s} + 3^{-s} + 4^{-s} + \cdots$$

に対して（解析接続後に）

$$\zeta(-2) = 0,$$
$$\zeta(-4) = 0,$$
$$\cdots$$

となるというオイラーの発見（第2章で証明；第3章参照）を簡単な状況で追体験したいというものです。まず、問題からはじめましょう。

7.1 問題：整数零点

次の問題を考えてみましょう。

問題7 次を示しなさい。

(1) $Z_1(s) = 1 - 2^{-s}$

とするとき、$Z_1(0) = 0$.

(2) $Z_2(s) = 1 - 2^{-s} - 3^{-s} + 4^{-s}$

とするとき、$Z_2(0) = Z_2(-1) = 0$.

(3) $Z_3(s) = 1 - 2^{-s} - 3^{-s} + 4^{-s} - 5^{-s} + 6^{-s} + 7^{-s} - 8^{-s}$

とするとき、$Z_3(0) = Z_3(-1) = Z_3(-2) = 0$.

(4) $Z_4(s) = 1 - 2^{-s} - 3^{-s} + 4^{-s} - 5^{-s} + 6^{-s} + 7^{-s} - 8^{-s}$

$$-9^{-s}+10^{-s}+11^{-s}-12^{-s}+13^{-s}-14^{-s}-15^{-s}+16^{-s}$$

とするとき、

$$Z_4(0) = Z_4(-1) = Z_4(-2) = Z_4(-3) = 0.$$

(5) $r = 5, 6, 7, \cdots$ に対して自然に $Z_r(s)$ を作ると

$$Z_r(0) = \cdots = Z_r(1-r) = 0.$$

解答

(1)〜(4)をやってみましょう。

(1) $Z_1(0) = 1 - 2^0 = 1 - 1 = 0.$

(2) $Z_2(0) = 1 - 2^0 - 3^0 + 4^0 = 1 - 1 - 1 + 1 = 0.$

　　$Z_2(-1) = 1 - 2 - 3 + 4 = 0.$

(3) $Z_3(0) = [1 - 2^0 - 3^0 + 4^0] + [-5^0 + 6^0 + 7^0 - 8^0]$
$= [1 - 1 - 1 + 1] + [-1 + 1 + 1 - 1]$
$= 0.$

$Z_3(-1) = \underbrace{[1 - 2 - 3 - 4]}_{0} + \underbrace{[-5 + 6 + 7 - 8]}_{0}$
$= 0.$

$Z_3(-2) = \underbrace{[1 - 4 - 9 + 16]}_{4} + \underbrace{[-25 + 36 + 49 - 64]}_{-4}$
$= 0.$

(4) $Z_4(0) = [1 - 2^0 - 3^0 + 4^0] + [-5^0 + 6^0 + 7^0 - 8^0]$
　　　　　　$+ [-9^0 + 10^0 + 11^0 - 12^0] + [13^0 - 14^0 - 15^0 + 16^0]$
$= 0 + 0 + 0 + 0$
$= 0.$

$$Z_4(-1) = [1-2-3+4] + [-5+6+7-8]$$
$$+ [-9+10+11-12] + [13-14-15+16]$$
$$= 0+0+0+0$$
$$= 0.$$
$$Z_4(-2) = [1-4-9+16] + [-25+36+49-64]$$
$$+ [-81+100+121-144] + [169-196-225+256]$$
$$= 4 + (-4) + (-4) + 4$$
$$= 0.$$
$$Z_4(-3) = [1-8-27+64] + [-125+216+343-512]$$
$$+ [-729+1000+1331-1728] + [2197-2744$$
$$-3375+4096]$$
$$= 30 + (-78) + (-126) + 174$$
$$= 0.$$

だんだん計算が大変になってきますが、こういうものは手計算が一番です。やっているうちにパターンがうかんできます。

さて、何か規則性は見えてきましたか？ 零点——値が0になるところ——が順番に増えていくしくみが知りたいところです。

7.2 問題攻略

問題の（1）〜（4）は直接計算で解けましたが、（5）になる

と自分で$Z_r(s)$を作る必要があります。どうすればよいでしょうか？

数学研究の場合には、このようなことがよくあります。問題が与えられていたとしても、その問題や設定をどんどん改変したり拡張したりして新しい問題を作っていくところに数学研究の楽しさがあるのです。

さて、問題に戻って (5) の $r = 5$ の場合を考えましょう。符号のパターンを推測しますと

$$Z_5(s) = (1^{-s}-2^{-s}- \quad \cdots \quad +16^{-s})$$
$$\quad -(17^{-s}-18^{-s}- \quad \cdots \quad +32^{-s})$$
$$= 1^{-s}-2^{-s}- \quad \cdots \quad +16^{-s}$$
$$\quad -17^{-s}+18^{-s}+ \quad \cdots \quad -32^{-s}$$

とすれば良さそうに見えます。

このとき、

$$Z_5(0) = Z_5(-1) = Z_5(-2) = Z_5(-3) = Z_5(-4) = 0$$

となることを確かめてください。
このように考えると

$$Z_r(s) = \sum_{n=1}^{2^r} (-1)^{D(n)} n^{-s}$$

の形になると予想されます。ここで、$D(n)$ は偶数か奇数かが

決まれば符号は求まります。

　少し表を作ってみましょう。

n	$(-1)^{D(n)}$	$D(n)$
1	＋1	偶
2	－1	奇
3	－1	奇
4	＋1	偶
5	－1	奇
6	＋1	偶
7	＋1	偶
8	－1	奇
9	－1	奇
10	＋1	偶
11	＋1	偶
12	－1	奇
13	＋1	偶
14	－1	奇
15	－1	奇
16	＋1	偶

　今は16まで書いておきましたが、1〜8までのパターンが9〜16では反転した符号になっています。2のべきごとにパターンが反転して繰り返されていますので、数を2進表記してみることがヒントになるかもしれません。やってみましょう。

　2進表記というものは、コンピューターが使っているもので

すので、現代人の皆さんはよく知っていることでしょう。きちんと書いておきますと、

$$[a_r, \cdots, a_1, a_0] = 2^r a_r + \cdots + 2^1 a_1 + 2^0 a_0$$

という表記です。ていねいに書くには、$[a_r, \cdots, a_1, a_0]_2$ とでもなるでしょうね。ここで、$a_0, \cdots, a_r$ はそれぞれ 0 か 1 です。たとえば

1 = [1]	奇		9 = [1,0,0,1]	偶
2 = [1,0]	奇		10 = [1,0,1,0]	偶
3 = [1,1]	偶		11 = [1,0,1,1]	奇
4 = [1,0,0]	奇		12 = [1,1,0,0]	偶
5 = [1,0,1]	偶		13 = [1,1,0,1]	奇
6 = [1,1,0]	偶		14 = [1,1,1,0]	奇
7 = [1,1,1]	奇		15 = [1,1,1,1]	偶
8 = [1,0,0,0]	奇		16 = [1,0,0,0,0]	奇

となっています。右側には2進表記に表れる1の個数の偶奇を書いてみました。前の表と見比べて何かわかりますか？

偶奇が1つずれていますね！ したがって、

$$D(n) = [n-1 \text{ の2進表示に表れる1の個数}]$$

とすれば良いのです。念のため表にしてみましょう。

n	$n-1$の2進表記	1の個数	偶奇
1	$[0,0,0,0]$	0	偶
2	$[0,0,0,1]$	1	奇
3	$[0,0,1,0]$	1	奇
4	$[0,0,1,1]$	2	偶
5	$[0,1,0,0]$	1	奇
6	$[0,1,0,1]$	2	偶
7	$[0,1,1,0]$	2	偶
8	$[0,1,1,1]$	3	奇
9	$[1,0,0,0]$	1	奇
10	$[1,0,0,1]$	2	偶
11	$[1,0,1,0]$	2	偶
12	$[1,0,1,1]$	3	奇
13	$[1,1,0,0]$	2	偶
14	$[1,1,0,1]$	3	奇
15	$[1,1,1,0]$	3	奇
16	$[1,1,1,1]$	4	偶

前に欲しかった偶奇のパターンと見事に一致していますね。

7.3 問題設定

このように考えてきますと問題7(5)は次のようになるでしょう。

問題 7*

> $D(n)$ を $n-1$ を 2 進表記したときに表れる 1 の個数とするとき
> $$Z_r(s) = \sum_{n=1}^{2^r} (-1)^{D(n)} n^{-s}$$
> とおくと
> $$Z_r(0) = Z_r(-1) = \cdots = Z_r(1-r) = 0$$
> が成立することを示しなさい。

これを証明するのは、どうすればよいでしょう？しばらく考えてみてください。

7.4 問題の核心：多項式版

問題を少し一般化して、多項式版にして考えてみましょう。そのために、変数 x を導入して

$$Z_r(s,x) = \sum_{n=1}^{2^r} (-1)^{D(n)} (n-1+x)^{-s}$$

とおきます。$Z_r(s) = Z_r(s, 1)$ です。

たとえば

$$Z_1(s,x) = x^{-s} - (x+1)^{-s},$$
$$Z_2(s,x) = x^{-s} - (x+1)^{-s} - (x+2)^{-s} + (x+3)^{-s},$$
$$\begin{aligned}Z_3(s,x) = & x^{-s} - (x+1)^{-s} - (x+2)^{-s} + (x+3)^{-s} \\ & - (x+4)^{-s} + (x+5)^{-s} + (x+6)^{-s} - (x+7)^{-s},\end{aligned}$$

$$Z_4(s,x) = x^{-s} - (x+1)^{-s} - (x+2)^{-s} + (x+3)^{-s}$$
$$- (x+4)^{-s} + (x+5)^{-s} + (x+6)^{-s} - (x+7)^{-s}$$
$$- (x+8)^{-s} + (x+9)^{-s} + (x+10)^{-s} - (x+11)^{-s}$$
$$+ (x+12)^{-s} - (x+13)^{-s} - (x+14)^{-s} + (x+15)^{-s}$$

です。ここで

$$Z_1(0,x) = 1-1 = 0,$$
$$Z_2(0,x) = 1-1-1+1 = 0,$$
$$Z_2(-1,x) = x - (x+1) - (x+2) + (x+3) = 0,$$
$$Z_3(0,x) = 1-1-1+1-1+1+1-1 = 0,$$
$$Z_3(-1,x) = x-(x+1)-(x+2)+(x+3)-(x+4)$$
$$+ (x+5)+(x+6)-(x+7) = 0,$$
$$Z_3(-2,x) = x^2-(x+1)^2-(x+2)^2+(x+3)^2-(x+4)^2$$
$$+ (x+5)^2+(x+6)^2-(x+7)^2 = 0$$

がわかりますので、問題 7 (5) や問題 7* は次のように変形・一般化されるでしょう：

問題 7*

$$Z_r(0,x) = Z_r(-1,x) = \cdots = Z_r(1-r, x) = 0.$$

このように、見た目には複雑になるようでも、変数を増やすとものごとのようすがわかりやすくなることは数学ではよく体験します。第 2 章 2.5 節の

$$Z(s, x) = \sum_{n=1}^{\infty} (n+x)^{-s}$$

あるいは

$$\zeta(s, x) = \sum_{n=0}^{\infty} (n+x)^{-s} = Z(s, x-1) = Z(s, x) + x^{-s}$$

が参考になるでしょう。

7.5 解決編

問題 7** をもっと一般化しておきましょう。あとの議論を見るとわかるとおり、そうした方が見通しが良くなります。**問題は一般化したほうが解きやすくなる**という不思議な性質があります。今の場合は、$a_1, \cdots, a_r > 0$ に対して、$a = (a_1, \cdots, a_r)$ とし

$$Z_r(s, x, (a_1, \cdots, a_r)) = \sum_{I \subset \{1, \cdots, r\}} (-1)^{|I|} (x + a(I))^{-s}$$

とします。ここで、

$$I \subset \{1, \cdots, r\}$$

は部分集合全体（2^r 個存在；空集合も含む）を動き、$|I|$ は I の元の個数、

$$a(I) = \sum_{i \in I} a_i$$

とおきます。たとえば

$$Z_r(s,x) = Z_r(s,x,(1,\ 2,\ 2^2,\cdots,2^{r-1}))$$

となります。これは重要なところですので説明しましょう。

I が $I \subset \{1,\cdots,r\}$ を動くとき、$a = (1,2,\cdots,2^{r-1})$ に対して

$$a(I) = \sum_{i \in I} 2^{i-1}$$

は $0 \sim 2^r-1$ を 1 回ずつ動きます。それは、2 進表記の話そのものです。とくに、

$$\begin{cases} I = \phi \text{（空集合）なら} & a(I) = 0, \\ I = \{1,\cdots,r\} \text{（全体集合）なら} & a(I) = 2^r-1 \end{cases}$$

です。そこで、$n = a(I)+1$ とすると、I が $I \subset \{1,\cdots,r\}$ を動くとき、n は $1 \sim 2^r$ を 1 回ずつ動きます。さらに、

$$n-1 = a(I) = \sum_{i \in I} 2^{i-1}$$

ですので、$n-1$ を 2 進表記した形になっていて、そこに現れる 1 の個数はちょうど $|I|$ です。したがって、$D(n) = |I|$ ということになり

$$\begin{aligned} Z_r(s,x,(1,\ 2,\ 2^2,\cdots,2^{r-1})) &= \sum_{I \subset \{1,\cdots,r\}} (-1)^{|I|}(x+a(I))^{-s} \\ &= \sum_{n=1}^{2^r} (-1)^{D(n)} (x+n-1)^{-s} \\ &= Z_r(s,x) \end{aligned}$$

となることがわかります。

このようにして、次の問題に一般化されます。

問題 7***

> $s = 0, -1, \cdots, 1-r$ は $Z_r(s, x, (a_1, \cdots, a_r))$ の零点となることを示しなさい。

この問題を解くために補助となる補題を用意しておきます（多項式の係数は実数にしておきます）。

【補題】

> 多項式 $f(x)$ と $a \in \mathbb{R}$ に対して
> $$\deg(f(x) - f(x+a)) \leq \deg(f) - 1.$$
> ここで、$\deg$ は次数を表しています。

【証明】

次数に関する約束を注意しておきますと、定数でない多項式は最高次の項が決まりますので多項式の次数はその最高次の次数で問題ありませんが、定数多項式の次数は

$$\begin{cases} 定数 \neq 0 \text{ の次数は } 0 \\ 定数\, 0\, \text{の次数は} -\infty \end{cases}$$

ということにします。

補題を示すために、多項式

$$f(x) = c_m x^m + \cdots + c_0$$

をとります。ここで、$f(x)$ が 0 多項式なら補題は問題ありませんので、$c_m \neq 0$ とします。このとき

$$f(x) - f(x+a) = c_m(x^m - (x+a)^m) + c_{m-1}(x^{m-1} - (x+a)^{m-1}) \\ + \cdots + c_1(x - (x+a))$$

において

$$x^m - (x+a)^m = -max^{m-1} + \cdots - a^m$$

となることを用いますと

$$\deg(f(x) - f(x+a)) \leq m - 1 \\ = \deg(f) - 1$$

となります。 【補題証明終】

問題 7** の解答

記述を簡単にするために、多項式 $f(x)$ に対し

$$\Delta_a(f) = f(x) - f(x+a)$$

とおきます。補題は、

$$\deg \Delta_a(f) \leqq \deg(f) - 1$$

と書けます。

はじめに、等式

$$Z_r(-m, x, (a_1, \cdots, a_r)) = \Delta_{a_r} \cdots \Delta_{a_1}(x^m)$$

が成り立っていることに注目します。このことは

$$\begin{aligned}
Z_1(-m, x, (a_1)) &= x^m - (x+a_1)^m \\
&= \Delta_{a_1}(x^m), \\
Z_2(-m, x, (a_1, a_2)) &= x^m - (x+a_1)^m - (x+a_2)^m + (x+a_1+a_2)^m \\
&= \Delta_{a_2}(x^m - (x+a_1)^m) \\
&= \Delta_{a_2}\Delta_{a_1}(x^m), \\
Z_3(-m, x, (a_1, a_2, a_3)) &= x^m - (x+a_1)^m - (x+a_2)^m + (x+a_1+a_2)^m \\
&\quad - (x+a_3)^m + (x+a_1+a_3)^m \\
&\quad + (x+a_2+a_3)^m - (x+a_1+a_2+a_3)^m \\
&= \Delta_{a_2}\Delta_{a_1}(x^m) - \Delta_{a_2}\Delta_{a_1}(x+a_3)^m \\
&= \Delta_{a_3}\Delta_{a_2}\Delta_{a_1}(x^m)
\end{aligned}$$

のように計算してみればよくわかります。

すると、補題を r 回使うことによって

$$\deg(\Delta_{a_r} \cdots \Delta_{a_1}(f)) \leqq \deg(f) - r$$

となりますので、

$$\deg(\Delta_{a_r}\cdots\Delta_{a_1}(x^m)) \leqq m-r$$

が成り立ちます。

したがって、

$$\deg Z_r(-m,x,(a_1,\cdots,a_r)) \leqq m-r$$

となります。よって、$m=0,1,\cdots,r-1$ のとき

$$\deg Z_r(-m,x,(a_1,\cdots a_r)) < 0$$

となりますので、定数0の多項式

$$Z_r(-m,x,(a_1,\cdots,a_r)) = 0$$

とわかります。

【解答終】

練習問題として上の方法を使ってみましょう。

【練習問題】

> $r=2,3,4,\cdots$ に対して
> $$Z_r^{2項}(s) = \sum_{n=1}^{r}(-1)^{n-1}\binom{r-1}{n-1}n^{-s}$$
> とする。ここで
> $$\binom{r-1}{n-1} = {}_{r-1}C_{n-1} = \frac{(r-1)!}{(n-1)!\,(r-n)!}$$

は2項係数。たとえば

$$Z_2^{2項}(s) = 1-2^{-s},$$
$$Z_3^{2項}(s) = 1-2^{1-s}+3^{-s},$$
$$Z_4^{2項}(s) = 1-3 \cdot 2^{-s}+3^{1-s}-4^{-s}.$$

このとき、$s=0,-1,\cdots,2-r$ は $Z_r^{2項}(s)$ の零点となることを示しなさい。

解答

$$Z_r^{2項}(s) = Z_{r-1}(s, 1, (\overbrace{1, \cdots, 1}^{r-1個}))$$

となります。実際、$a = (1, \cdots, 1)$ のとき

$$\begin{aligned}
Z_{r-1}(s, 1, (1, \cdots, 1)) &= \sum_{I \subset \{1, \cdots, r\}} (-1)^{|I|}(1+a(I))^{-s} \\
&= \sum_{I \subset \{1, \cdots, r\}} (-1)^{|I|}(|I|+1)^{-s} \\
&= \sum_{m=0}^{r-1} (-1)^m (m+1)^{-s} \binom{r-1}{m} \\
&= \sum_{n=1}^{r} (-1)^{n-1} \binom{r-1}{n-1} n^{-s}
\end{aligned}$$

となって、$Z_r^{2項}(s)$ がでてきます。

したがって、本節の議論によって

$$Z_r^{2項}(0) = \cdots = Z_r^{2項}(2-r) = 0$$

がわかります。

【解答終】

問題の背景について

この問題は多重フルビッツゼータ関数(負位数)の $s = 0, -1, -2, \cdots$ における零点の様子を計算していることになっています。この方面の詳しいことは

黒川信重『現代三角関数論』岩波書店, 2013年

を読んでください。

宿題

> 次を証明しなさい。
>
> (1) $Z_r^{2項}(1-r) = (-1)^{r-1}(r-1)!$.
>
> (2) $Z_r^{2項}(1) = \dfrac{1}{r}$.

リーマン予想の研究には零点に親しむことが大切です。本節の計算によって、整数零点にはだいぶ慣れたことでしょう。次節では虚零点に向かいます。

虚の零点に挑もう：
こわくない虚数

第8章

この章では虚数の零点の計算をしてみましょう。難しくない問題で考えます。虚数と言っても、こわくありません。

8.1　問題

問題8

> Nは自然数とします。
> （1）
> $$\zeta_N(s) = \sum_{n|N} n^{-s}$$
> とするとき、複素数sに対して
> 『$\zeta_N(s) = 0 \Rightarrow \mathrm{Re}(s) = 0$ （sは純虚数）』
> というリーマン予想が成立することを証明しなさい。
> （2）
> $$\zeta_N^\mu(s) = \sum_{n|N} \mu(n) n^{-s}$$
> とするとき、複素数sに対して
> 『$\zeta_N^\mu(s) = 0 \Rightarrow \mathrm{Re}(s) = 0$ （sは純虚数）』
> というリーマン予想が成立することを証明しなさい。

この問題において、$\sum_{n|N}$はnがNの約数全体をわたっている和であることを示し、$\mu(n)$はメビウス関数（第3章）など、お馴染みですね。

8.2 問題攻略

例を計算してみると様子がわかるかもしれません。やってみましょう。

$$\zeta_2(s) = 1+2^{-s}, \qquad \zeta_2^\mu(s) = 1-2^{-s},$$
$$\zeta_3(s) = 1+3^{-s}, \qquad \zeta_3^\mu(s) = 1-3^{-s},$$
$$\zeta_4(s) = 1+2^{-s}+4^{-s}, \qquad \zeta_4^\mu(s) = 1-2^{-s},$$
$$\zeta_5(s) = 1+5^{-s}, \qquad \zeta_5^\mu(s) = 1-5^{-s},$$
$$\begin{aligned}\zeta_6(s) &= 1+2^{-s}+3^{-s}+6^{-s} & \zeta_6^\mu(s) &= 1-2^{-s}-3^{-s}+6^{-s}\\&=(1+2^{-s})(1+3^{-s}) & &=(1-2^{-s})(1-3^{-s})\\&=\zeta_2(s)\zeta_3(s), & &=\zeta_2^\mu(s)\zeta_3^\mu(s).\end{aligned}$$

零点を計算してみましょう。$a>0$ と複素数 s に対して

$$|a^s| = a^{\mathrm{Re}(s)}$$

が成り立つことを使って、零点の実部を調べます。

- $\zeta_2(s)=0 \Rightarrow 2^{-s}=-1 \Rightarrow |2^{-s}|=1 \Rightarrow 2^{-\mathrm{Re}(s)}=1 \Rightarrow \mathrm{Re}(s)=0.$
- $\zeta_2^\mu(s)=0 \Rightarrow 2^{-s}=1 \Rightarrow |2^{-s}|=1 \Rightarrow 2^{-\mathrm{Re}(s)}=1 \Rightarrow \mathrm{Re}(s)=0.$
- $\zeta_3(s)=0 \Rightarrow 3^{-s}=-1 \Rightarrow |3^{-s}|=1 \Rightarrow 3^{-\mathrm{Re}(s)}=1 \Rightarrow \mathrm{Re}(s)=0.$
- $\zeta_3^\mu(s)=0 \Rightarrow 3^{-s}=1 \Rightarrow |3^{-s}|=1 \Rightarrow 3^{-\mathrm{Re}(s)}=1 \Rightarrow \mathrm{Re}(s)=0.$
- $\zeta_4(s)=0 \Rightarrow 2^{-s}=\dfrac{-1\pm\sqrt{3}i}{2} \Rightarrow |2^{-s}|=1 \Rightarrow 2^{-\mathrm{Re}(s)}=1$
  $\Rightarrow \mathrm{Re}(s)=0.$
- $\zeta_4^\mu(s)=0 \Rightarrow 2^{-s}=1 \Rightarrow |2^{-s}|=1 \Rightarrow 2^{-\mathrm{Re}(s)}=1 \Rightarrow \mathrm{Re}(s)=0.$
- $\zeta_5(s)=0 \Rightarrow 5^{-s}=-1 \Rightarrow |5^{-s}|=1 \Rightarrow 5^{-\mathrm{Re}(s)}=1 \Rightarrow \mathrm{Re}(s)=0.$

- $\zeta_5^\mu(s)=0 \Rightarrow 5^{-s}=1 \Rightarrow |5^{-s}|=1 \Rightarrow 5^{-\mathrm{Re}(s)}=1 \Rightarrow \mathrm{Re}(s)=0.$
- $\zeta_6(s)=0 \Rightarrow \zeta_2(s)=0$ または $\zeta_3(s)=0 \Rightarrow \mathrm{Re}(s)=0.$
- $\zeta_6^\mu(s)=0 \Rightarrow \zeta_2^\mu(s)=0$ または $\zeta_3^\mu(s)=0 \Rightarrow \mathrm{Re}(s)=0.$

このように $N = 2, 3, 4, 5, 6$ では問題が解けたことになります。一般の N に対しては、どうすれば良いでしょうか？考えてみてください。ヒントは分解統合です。

8.3 問題の核心：オイラー積

問題を変形して、オイラー積を求める計算をしておきましょう。オイラー積とは素数に関する積のことです。たとえば、8.2節で計算したように

$$\zeta_6(s) = (1+2^{-s})(1+3^{-s}) = \frac{1-2^{-2s}}{1-2^{-s}} \cdot \frac{1-3^{-2s}}{1-3^{-s}} = \zeta_2(s)\zeta_3(s)$$

となることを、一般の $\zeta_N(s)$ の場合に示します。
「問題は分解する」という例です。

問題 8*

> 次を示しなさい。
>
> （1） $\zeta_N(s) = \displaystyle\prod_{p \mid N} \frac{1-p^{-(\mathrm{ord}_p(N)+1)s}}{1-p^{-s}}.$

ここで、p は N の素因子を動き、$\mathrm{ord}_p(N)$ は p が N に表れる回数です：
$$N = \prod_{p|N} p^{\mathrm{ord}_p(N)}.$$
（2）$\zeta_N^\mu(s) = \prod_{p|N}(1-p^{-s})$.

解答

N の素因数分解を
$$N = \prod_{p|N} p^{\mathrm{ord}_p(N)} = p_1^{a_1} \cdots p_r^{a_r}$$
とします。ここで、$p_1, \cdots, p_r$ は相異なる素数で、$a_1, \cdots, a_r \geqq 1$ です。とくに、$a_j = \mathrm{ord}_{p_j}(N)$ です。

このとき、N の約数 n は
$$n = p_1^{k_1} \cdots p_r^{k_r} \quad \begin{cases} k_1 = 0, \cdots, a_1 \\ \cdots \\ k_r = 0, \cdots, a_r \end{cases}$$
と書けます。

（1）$\zeta_N(s) = \sum_{n|N} n^{-s}$

を上記の表し方で計算しますと、

$$\zeta_N(s) = \sum_{k_1=0}^{a_1} \cdots \sum_{k_r=0}^{a_r} (p_1^{-s})^{k_1} \cdots (p_r^{-s})^{k_r}$$

$$= \left(\sum_{k_1=0}^{a_1} (p_1^{-s})^{k_1} \right) \cdots \left(\sum_{k_r=0}^{a_r} (p_r^{-s})^{k_r} \right)$$

$$= \frac{1-(p_1^{-s})^{a_1+1}}{1-p_1^{-s}} \cdots \frac{1-(p_r^{-s})^{a_r+1}}{1-p_r^{-s}}$$

$$= \prod_{p|N} \frac{1-p^{-(\mathrm{ord}_p(N)+1)s}}{1-p^{-s}}$$

となって（1）が示せました。

（2）　$\zeta_N^\mu(s) = \sum_{n|N} \mu(n) n^{-s}$

を計算するときは

$$n = p_1^{k_1} \cdots p_r^{k_r} \quad \begin{cases} k_1 = 0, 1 \\ \cdots \\ k_r = 0, 1 \end{cases}$$

に限定してよいです。そうでないと $\mu(n) = 0$ となっていますので。したがいまして、

$$\zeta_N^\mu(s) = \sum_{k_1=0}^{1} \cdots \sum_{k_r=0}^{1} (-1)^{k_1+\cdots+k_r} (p_1^{-s})^{k_1} \cdots (p_r^{-s})^{k_r}$$

$$= \left(\sum_{k_1=0}^{1} (-1)^{k_1} (p_1^{-s})^{k_1} \right) \cdots \left(\sum_{k_r=0}^{1} (-1)^{k_r} (p_r^{-s})^{k_r} \right)$$

$$= (1-p_1^{-s})\cdots(1-p_r^{-s})$$

$$= \prod_{p|N}(1-p^{-s})$$

となって(2)が示せました。 　　　　　　　　　　【解答終】

オイラー積は

$$\zeta_N(s) = \prod_{p|N} \zeta_{p^{\mathrm{ord}_p(N)}}(s),\ \zeta_N^\mu(s) = \prod_{p|N} \zeta_{p^{\mathrm{ord}_p(N)}}^\mu(s)$$

となっていることに注意しておきます。

8.4 問題解決

問題8を解決しましょう。問題8*の分解——オイラー積表示——を使います。

(1) $\zeta_N(s) = 0 \overset{\text{オイラー積}}{\Longrightarrow}$ ある $p|N$ に対して
$$1 - p^{-(\mathrm{ord}_p(N)+1)s} = 0$$
$\Rightarrow p^{-(\mathrm{ord}_p(N)+1)s} = 1$
$\Rightarrow |p^{-(\mathrm{ord}_p(N)+1)s}| = 1$
$\Rightarrow p^{-(\mathrm{ord}_p(N)+1)\mathrm{Re}(s)} = 1$
$\Rightarrow (\mathrm{ord}_p(N)+1)\mathrm{Re}(s) = 0$
$\Rightarrow \mathrm{Re}(s) = 0$

となって零点の実部はすべて 0 であることが示されました。

より詳しく零点を求めると次の通りです：

$\zeta_N(s) = 0 \Leftrightarrow$ ある $p|N$ に対して

$$s = \frac{2\pi i m}{(\mathrm{ord}_p(N)+1)\log p}.$$

ここで $m \in \mathbb{Z}$（整数）は

$$m \notin (\mathrm{ord}_p(N)+1)\mathbb{Z}$$

なるもの。

（2）$\zeta_N^\mu(s) = 0 \overset{\text{オイラー積}}{\Longrightarrow}$ ある $p|N$ に対して

$$1 - p^{-s} = 0$$
$$\Rightarrow p^{-s} = 1$$
$$\Rightarrow |p^{-s}| = 1$$
$$\Rightarrow p^{-\mathrm{Re}(s)} = 1$$
$$\Rightarrow \mathrm{Re}(s) = 0.$$

より詳しくは次の通りです：

$\zeta_N^\mu(s) = 0 \Leftrightarrow$ ある $p|N$ に対して

$$s = \frac{2\pi i m}{\log p} \ (m \in \mathbb{Z}).$$

【解答終】

8.5 発展

超自然数Nとは

$$N = \prod_p p^{\mathrm{ord}_p(N)}$$

において $\mathrm{ord}_p(N) = \infty$ でも良いとしたものです。そのようなときのNは、積と考えるより、データ

$$\{\mathrm{ord}_p(N)\}_{p は素数}$$

が与えられているだけのものと見るのが正しいです。

ゼータは超自然数の場合も自然に計算しますと

$$\zeta_N(s) = \prod_{p|N} \frac{1-p^{-(\mathrm{ord}_p(N)+1)s}}{1-p^{-s}}$$

となります。ここで、$\mathrm{ord}_p(N) = \infty$ のときは

$$1-p^{-(\mathrm{ord}_p(N)+1)s} = 1$$

と考えることにします。

たとえば、$N = 2^\infty 3^\infty 5^\infty \cdots = \prod_p p^\infty$ のときには

$$\zeta_{2^\infty 3^\infty 5^\infty 7^\infty \cdots}(s) = \prod_p \frac{1}{1-p^{-s}} = \zeta(s)$$

となって、リーマンゼータが姿を現わします。つまり、有限なNに対する$\zeta_N(s)$の彼方にリーマンゼータが現われます。このときも問題8のようにして、リーマン予想が解ければ最高ですね。

上記のオイラー積は $\zeta(s)$ のオイラー積そのものですが、

$$\zeta_{p^\infty}(s) = \frac{1}{1-p^{-s}}$$

に注意しますと

$$\zeta_{\prod_p p^\infty}(s) = \prod_p \zeta_{p^\infty}(s) = \prod_p \frac{1}{1-p^{-s}}$$

という等式になっています。

発展問題

> 超自然数 N に対しても、$\zeta_N(s)$ はすべての複素数 s へと解析接続可能でしょうか？さらに、リーマン予想はどうでしょうか？

もちろん、これは

$$N = \prod_p p^\infty = 2^\infty 3^\infty 5^\infty 7^\infty \cdots$$

のときにはリーマンゼータ $\zeta(s)$ の解析接続とリーマン予想の問題になっています。普通の自然数に対しては問題8で解決済です。

なお、一般の超自然数 N では、$\zeta_N(s)$ がすべての複素数に解析接続可能とは限らないことが黒川によって証明されています：

N. Kurokawa（黒川信重）"On certain Euler products"（あるオイラー積について）Acta Arith. 48（1987）49-52.

たとえば、

$$N = 5^\infty 13^\infty 17^\infty \cdots = \prod_{p \equiv 1 \bmod 4} p^\infty$$

としますと

$$\zeta_N(s) = \prod_{p \equiv 1 \bmod 4} (1-p^{-s})^{-1}$$

となりますが、この関数は $\mathrm{Re}(s) > 0$ の領域までは解析接続可能なものの $\mathrm{Re}(s) = 0$ は自然境界になっていて、$\mathrm{Re}(s) \leqq 0$ への解析接続は不可能な関数になっています（ここの「不可能」とは解析接続が不可能なことが証明できる、という意味で、今のところ不可能というような意味ではありません、念のため）。一方、

$$\zeta_N^\mu(s) = \prod_{p \mid N} (1-p^{-s})$$

は超自然数 N に対しても同じことです。たとえば、

$$\zeta_{2^\infty 3^\infty 5^\infty 7^\infty \cdots}^\mu(s) = \prod_{p:\text{素数}} (1-p^{-s}) = \frac{1}{\zeta(s)}$$

ですし、

$$\zeta_{5^\infty 13^\infty 17^\infty \cdots}^\mu(s) = \prod_{p \equiv 1 \bmod 4} (1-p^{-s})$$

は $\mathrm{Re}(s) = 0$ を自然境界に持っています。

# 量子化で考える：q 類似

第9章

量子化 (*quantization*) というのは物理学の量子 (*quantum*) からきた用語ですが、数学では q 類似（q は "*quantum*" の頭文字）を作ることを意味します。普通は、$q = e^h, h > 0$（プランク定数に当たる）と考えておくと良いでしょう。ここでは、q-完全数というものをゼータの零点を用いて調べてみましょう。q で動かすとやさしい風景も見えてきます。

9.1 考える問題：q-完全数

次の問題を考えます。

問題 9

自然数 N と実数 $q \geqq 0$ に対して

$$\zeta_N^q(s) = \sum_{\substack{n \mid N \\ n < N}} [n]_q^{-s} - [N]_q^{-s}$$

とおく。ここで、n は N の約数で N 以外のものを動き、

$$[n]_q = 1 + q + \cdots + q^{n-1}$$

です。

N が q-完全数とは $\zeta_N^q(-1) = 0$ のときとします。つまり

$$N \text{ が } q\text{-完全数} \quad \Leftrightarrow \quad \sum_{\substack{n \mid N \\ n < N}} [n]_q = [N]_q.$$

このとき、各 $N \geqq 2$ は、ある $q \geqq 0$ に対して q-完全数になることを証明しなさい。

$q=1$ のときは $[n]_1 = n$ となって

$$N \text{ が } 1\text{-完全数} \quad \Leftrightarrow \quad \sum_{\substack{n|N \\ n<N}} n = N$$
$$\Leftrightarrow \quad (\text{通常の})\text{ 完全数}$$

ということになります。完全数についてはあとで解説します。

言いたいことは、どんな自然数 $N \geqq 2$ も、ある q に対して q-完全数だということです。つまり、N に対して、そのような q を見つける問題です。どんなものも見方を変えれば完全だなんて楽しいですね。

ためしに、$N = 2$ のときを考えてみましょう：

$$\zeta_2^q(s) = 1 - [2]_q^{-s}$$
$$= 1 - (1+q)^{-s}$$

より

$$\zeta_2^q(-1) = 1 - (1+q) = -q.$$

よって

$$\zeta_2^q(-1) = 0 \quad \Leftrightarrow \quad q = 0.$$

したがって、2 は 0-完全数ということがわかります。

ここで、完全数（*perfect number*）のことを説明しておきましょう。自然数 N が完全数とは

$$\sum_{\substack{n|N \\ n<N}} n = N$$

をみたすときに言います。つまり

$$[N の真の約数の和] = N$$

が成立するものです。たとえば、$N = 6, 28$ なら

$$1 + 2 + 3 = 6,$$
$$1 + 2 + 4 + 7 + 14 = 28$$

となり、6 も 28 も完全数です。

もちろん、完全数とは、条件

$$\sum_{n \mid N} n = 2N$$

と同じことです。また、通常は、この左辺を $\sigma(N)$ という記号で表します。

完全数の起源は紀元前 500 年頃のピタゴラス学派と思われますが、出版物として残っているのは紀元前 300 年頃のユークリッド『原論』です。そこには

> **定理**
> p と 2^p-1 が素数のとき
> $$N = 2^{p-1}(2^p-1)$$
> は完全数.

が証明されています。

たとえば

$p=2$ なら $2^p-1=3$ は素数で、$N=2 \cdot 3=6$ は完全数、

$p=3$ なら $2^p-1=7$ は素数で、$N=4\cdot 7=28$ は完全数、
$p=5$ なら $2^p-1=31$ は素数で、$N=16\cdot 31=496$ は完全数
などとわかります。面白いことに、$M=2^p-1$ とおくと

$$N = 1 + 2 + \cdots + M = \frac{M(M+1)}{2}$$

となっています。これは

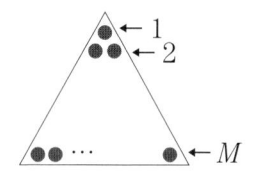

と小石を並べた正三角形になっていて、ピタゴラス学派で「3角数」と呼ばれていたものです（第2章）。

たとえば

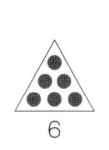

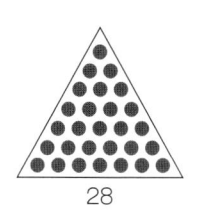

のようになっています。

また、$M=2^p-1$ が素数になる場合の M はメルセンヌ素数と呼ばれています。メルセンヌ（1588-1647）は17世紀に活躍した数学者です。

よく知られているように、現代では確認される最大の素数はメルセンヌ素数になっています。それはコンピューターで

チェックしやすい形の数になっているためですが、2013年1月25日に発見された48番目のメルセンヌ素数

$$2^{57885161}-1 = \underbrace{58188 \cdots 85951}_{17425170 \text{ケタ}}$$

が現在の最高記録です。したがって、完全数も、現在までに

$$6, 28, 496, \cdots, 2^{57885160}(2^{57885161}-1)$$

という48個発見されていることになります。

　なお、上に記した48番目のメルセンヌ素数は、現在のところ48番目に見つかったメルセンヌ素数という意味ですので、メルセンヌ素数をずっと小さい方から並べたときに48番目になることが確定しているわけではありません。また、ケタ数は10進表記で書きましたが、コンピューターで使われているように2進表記ですと、48番目のメルセンヌ素数は1が57885161個並ぶ57885161ケタの数という単純なものです。

　さて、ユークリッドの示した完全数は偶数の完全数です。これについては、オイラーが18世紀に完全な特徴付けを証明しました。それは、ユークリッドの定理の逆も成立するということを示しています。

定理
（1）[ユークリッド] p と 2^p-1 が素数のとき

$N = 2^{p-1}(2^p-1)$ は偶数の完全数.
（2）［オイラー］ 偶数の完全数 N は、2^p-1 が素数となるような素数 p によって $N = 2^{p-1}(2^p-1)$ と書ける.

この証明は楽しいものですので書いておきましょう。

【証明】

(1) の証明

$$N = 2^{p-1}(2^p-1)$$

とします。σ の乗法性から

$$\sigma(N) = \sigma(2^{p-1})\sigma(2^p-1)$$

となります。ここで

$$\sigma(2^{p-1}) = 1+2+\cdots+2^{p-1}$$
$$= 2^p-1$$

です。また、2^p-1 が素数であることから

$$\sigma(2^p-1) = 1+(2^p-1)$$
$$= 2^p$$

です。したがって

$$\sigma(N) = (2^p-1)2^p$$
$$= 2 \cdot 2^{p-1}(2^p-1)$$
$$= 2N$$

となり、N が完全数であることがわかります。

(2）の証明

自然数 $k \geq 1$ と奇数 n によって
$$N = 2^k n$$
と書いておきます。まず
$$\sigma(N) = \sigma(2^k)\sigma(n)$$
$$= (2^{k+1}-1)\sigma(n)$$
ですが、N が完全数ということから $\sigma(N) = 2N$ ですので
$$(2^{k+1}-1)\sigma(n) = 2^{k+1}n,$$
つまり
$$\sigma(n) = \frac{2^{k+1}}{2^{k+1}-1}n$$
$$= \frac{(2^{k+1}-1)+1}{2^{k+1}-1}n$$
$$= n + \frac{n}{2^{k+1}-1} = n+n'$$
となります。とくに、
$$n' = \sigma(n)-n$$
は自然数となり、n' は
$$n = (2^{k+1}-1)n'$$
の真の約数です。これは n の約数の和が
$$\sigma(n) = n+n'$$
という、ちょうど2個の和となることを意味しています。し

たがって、n は素数で、$n' = 1$ です。よって
$$n = 2^{k+1}-1$$
は素数となります。このとき $k+1 = p$ は素数です。その理由は、$k+1$ が素数でなくて
$$k+1 = l \cdot m \quad (l, m \geq 2)$$
と書けたとしますと
$$\begin{aligned}2^{k+1}-1 &= 2^{l \cdot m}-1 \\ &= (2^l-1)((2^l)^{m-1}+(2^l)^{m-2}+\cdots+1)\end{aligned}$$

となり、$2^{k+1}-1$ は 2^l-1 という約数（$2^{k+1}-1$ でも 1 でもない）を持ってしまうため $2^{k+1}-1$ は素数でなくなるからです。

【証明終】

> 注意　奇数の完全数が存在するかどうかは未解決の難問です。存在しそうにないと思われていますが、証明されてはいません。

9.2　問題の変形：水晶完全数

ここでは、0-完全数を決定しましょう。$q = 0$ はクリスタル、水晶、結晶などと形容詞が付きますので 0-完全数とはクリスタル完全数、水晶完全数、結晶完全数と言っても良いでしょう。

> 主張1　　0-完全数　⇔　素数.

【証明】
$$\zeta_N^0(-1) = \sum_{\substack{m|N \\ n<N}} 1 - 1$$
$$= (d(N)-1)-1$$
$$= d(N)-2$$

であることに注意する。ここで、$d(N)$ は N の約数の個数。よって、

$$N は 0\text{-完全数} \Leftrightarrow \zeta_N^0(-1) = 0$$
$$\Leftrightarrow d(N) = 2$$
$$\Leftrightarrow N は素数$$

となる。　　　　　　　　　　　　　　　　　　　　　　　　【証明終】

9.3　問題の核心 — q を求めること —

ここまでにわかったことをまとめてみましょう：

- 1-完全数⇔通常の完全数 $(6, 28, \cdots)$.
- 0-完全数⇔素数 $(2, 3, 5, 7, \cdots)$.

問題は各 $N \geqq 2$ に対して $\zeta_N^q(-1) = 0$ となる q を求めることで

した。$q=0$ については、わかりやすい結論でした。$q=1$ のときは通常の完全数ですので、たとえば N が奇数のときには、よくわかっていないものになります。

どのように q を求めたら良いか考えてみてください。

9.4　問題の解決：どんなものも完全

$N \geqq 2$ を固定します。N が素数の場合は 0-完全数とわかっているので、N は素数でないとします。次を示せばよいでしょう。

> 主張2　N が素数でないとき、$\zeta_N^q(-1) = 0$ となる $q > 0$ が存在する。

【証明】

$$\begin{aligned} f_N(q) &= \zeta_N^q(-1) \\ &= \sum_{\substack{n \mid N \\ n < N}} [n]_q - [N]_q \\ &= \sum_{\substack{n \mid N \\ n < N}} (1+q+\cdots+q^{n-1}) - (1+q+\cdots+q^{N-1}) \end{aligned}$$

を考える。N は素数ではないので $d(N) > 2$ となる。

よって、

$$f_N(0) = d(N) - 2 > 0$$

$f_N(q)$のグラフ（概念図）

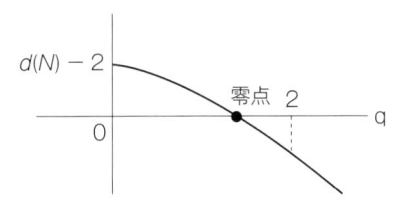

である。したがって、ある $q > 0$ で $f_N(q) < 0$ となるものが見つかれば良い。そのような q の存在は $f_N(q)$ を多項式として整理して見ると、すぐわかる。実際、$f_N(q)$ は q の $N-1$ 次の多項式で

$$f_N(q) = -q^{N-1} + \cdots$$

という最高次係数が負になっているため

$$f_N(+\infty) = -\infty$$

となるので、十分大きな q に対しては $f_N(q) < 0$ となる。よって、$f_N(q_0) = 0$ となる $q_0 > 0$ が存在する。

この計算では q_0 の存在範囲はよくわからない。そこで、$0 < q_0 < 2$ にとれることを示そう。そのためには

$$f_N(2) < 0$$

を示せばよい。実際、わかりやすい評価式

$$f_N(2) \leq -N$$

が成立することを計算によって示すことができる。そのために、

$$f_N(2) = \sum_{\substack{n \mid N \\ n < N}} (1+2+\cdots+2^{n-1}) - (1+2+\cdots+2^{N-1})$$
$$= \sum_{\substack{n \mid N \\ n < N}} (2^n - 1) - (2^N - 1)$$

において、

$$\sum_{\substack{n|N \\ n<N}} (2^n-1) \leq \sum_{n=1}^{N-1} (2^n-1)$$
$$= (2+2^2+\cdots+2^{N-1})-(N-1)$$
$$= (2^N-2)-(N-1)$$
$$= (2^N-1)-N$$

とすると、

$$f_N(2) \leq -N$$

とわかる。

このようにして、どんな自然数 $N \geq 2$ に対しても、ある q が $0 \leq q < 2$ にとれて、N は q-完全数になることが証明された。

【証明終】

> 注意　q の範囲をもっと狭くできるかどうかについては読者の研究にまかせたいが、$N = 2, \cdots, 12$ のときの最小の q について範囲を $q = 0, 0 < q < 1, q = 1, 1 < q < 2$ の4通りに分けると次のようになっている:
>
> $2 : q = 0$ [素数]
>
> $3 : q = 0$ [素数]
>
> $4 : 0 < q < 1$
>
> $5 : q = 0$ [素数]
>
> $6 : q = 1$ [完全数]

$7 : q = 0$ [素数]
$8 : 0 < q < 1$
$9 : 0 < q < 1$
$10 : 0 < q < 1$
$11 : q = 0$ [素数]
$12 : 1 < q < 2$

この中で、$0 < q < 1$ となっている N はいずれも

$$f_N(1) = \sigma(N) - 2N < 0$$

となっていることから、$0 < q < 1$ がわかる。
$N = 12$ については

$$\begin{aligned}
f_{12}(q) &= 1+(1+q)+(1+q+q^2)+(1+q+q^2+q^3)+ \\
&\quad (1+q+q^2+q^3+q^4+q^5) \\
&\quad -(1+q+q^2+q^3+q^4+q^5+q^6+q^7+q^8+q^9+q^{10}+q^{11}) \\
&= 4+3q+2q^2+q^3-q^6-q^7-q^8-q^9-q^{10}-q^{11} \\
&= 4+(q-q^6)+(q-q^7)+(q-q^8)+(q^2-q^9) \\
&\quad +(q^2-q^{10})+(q^3-q^{11})
\end{aligned}$$

となるために、$0 \leqq q \leqq 1$ に対しては $f_{12}(q) \geqq 4 > 0$ となっていて、$f_{12}(q) = 0$ をみたす $0 \leqq q < 2$ は $1 < q < 2$ のみに存在することがわかる。

最後に、完全数 $N=6$ については $q=1$ が $f_6(q) = 0$ をみたす $0 \leqq q < 2$ における唯一の解であることがわかる。それは、

$$f_6(q) = 1+(1+q)+(1+q+q^2)-(1+q+q^2+q^3+q^4+q^5)$$
$$= 2+q-q^3-q^4-q^5$$
$$= (1-q)(2+3q+3q^2+2q^3+q^4)$$

と因数分解できるので、$q \geqq 0$ において $f_6(q) = 0$ となる q は $q = 1$ のみであることが見えるためです。

次の問題は、これまでの話から難しくありません。やってみてください。

宿題

次を示しなさい。
(1) N が (-1)-完全数 $\Leftrightarrow$ N は奇素数.
(2) N が i-完全数 $\Leftrightarrow$ N は 4 で割って 1 余る素数.

逆転しよう：
ひっくりかえすと楽しい

第10章

この章では"逆転"することを考えます。第 5 章では逆数力という逆関数を考えましたが、今回は通常の逆数（a に対して $\frac{1}{a}$）を見ましょう。零点だったものが極になります。逆転すると面白いことがたくさん出てくることがよくあります。苦しいときの一発逆転はスカッとしますね。

10.1　問題：逆転

リーマン予想の歴史にも逆転は起きています。リーマンゼータは

$$\zeta(s) = \prod_{p:\text{素数}} (1-p^{-s})^{-1} = \sum_{n=1}^{\infty} n^{-s}$$

でした。それを逆転したものが

$$\frac{1}{\zeta(s)} = \prod_{p:\text{素数}} (1-p^{-s}) = \sum_{n=1}^{\infty} \mu(n) n^{-s}$$

です。ここで、$\mu(n)$ はメビウス関数（第 3 章参照）です。ここのオイラー積の展開

$$\prod_{p:\text{素数}} (1-p^{-s}) = (1-2^{-s})(1-3^{-s})(1-5^{-s})(1-7^{-s}) \times \cdots$$
$$= 1-2^{-s}-3^{-s}-5^{-s}+6^{-s}-7^{-s}+10^{-s}-\cdots$$

はわかりやすいでしょう。

リーマン予想は、$\frac{1}{\zeta(s)}$ が $\mathrm{Re}(s) > \frac{1}{2}$ に極をもたない（正則である）ということと同じことになります。1880 年代にスチ

ルチェスは、この観点からリーマン予想を証明しようとして

$$\left|\sum_{n=1}^{N}\mu(n)\right|\leqq\sqrt{N}\qquad(N=1,2,3,\cdots)$$

という予想を立て、それからリーマン予想が導かれることを示しました（さらに、$\zeta(s)$ の零点がすべて1位であることもわかります）。

スチルチェスの予想——彼は証明ができたと発表していました（したがって、リーマン予想も証明できた）が証明は公表されませんでした——は、その後に、数多くの N に対する数値例で確かめたメルテンスにちなんでメルテンス予想と呼ばれるようになりました。

ただし、スチルチェス予想（メルテンス予想）は、結局、成り立たないという結論に至りました。と言いますのは、約百年が経った1985年にオドリッコとテ・リールが共著論文において、反証を出版したからです。その反証は反例（成り立たない N）を明示したわけではなく、反例の存在（成り立たない N の存在）を証明したものです。具体的な反例となる N は現在も見つかっていません。それは、現在のコンピューターの計算能力の弱さが大きな理由ですが、「存在定理」のこわさでもあります。反例の「存在」は証明されたものの「手に取れない」という状況です。

その証明の構造は背理法です。スチルチェス予想（メルテンス予想）が成り立ったとするとおかしなこと（矛盾）が起こる、というやり方です。

反例を明示するためには、ゼータの零点の計算——それはリーマンの素数公式（第3章）のように素数の計算と密接に結びついています——を膨大に行う必要があるのですが、現在のコンピューターには荷が重い仕事です。素数がかかわる計算には、もっともっと発達した時代の超コンピューターが必要です。たとえば、素数の逆数の和が無限大であること

$$\frac{1}{2} + \frac{1}{3} + \frac{1}{5} + \frac{1}{7} + \frac{1}{11} + \frac{1}{13} + \frac{1}{17} + \cdots = \infty$$

は1737年にオイラーが証明しましたが、現在までに具体的に計算されている素数の逆数の和は4をやっと超えたぐらいで∞にはほど遠いですし、10を超えるのも今世紀中には無理でしょう。無限大になるのですから、せめて1000は超えてほしいものですが、地球では、そうなるのは、あと1000年くらいは時間が必要なのでしょうね。

　このように、オイラーの定理によれば、素数の逆数を足して

$$\frac{1}{2} + \frac{1}{3} + \cdots + \frac{1}{p} \geqq 1000$$

となる素数 p は確実に存在するのですが、そのような素数 p の具体的な例は、全く知られていないわけです。

　なお、スチルチェス予想（メルテンス予想）は成立しないことがわかったのですが、リーマン予想は「弱スチルチェス予想」

と同値なことがわかっています:

リーマン予想 ⇔ 弱スチルチェス予想

> 各 $\varepsilon > 0$ に対して、ある定数 $C(\varepsilon) \geqq 1$ が存在して
>
> $$\left|\sum_{n=1}^{N} \mu(n)\right| \leq C(\varepsilon) \ N^{\frac{1}{2}+\varepsilon} \quad (N = 1, 2, 3, \cdots)$$
>
> が成立する。

　スチルチェス予想は、$\varepsilon = 0$ のときに $C(\varepsilon) = 1$ としたものが成立することを主張していましたが、それは無理なことでした。弱スチルチェス予想にすると、$\mu(n)$ の値がでたらめ（ランダム）に分布するとすれば確率的に成立することが言えそう、というような議論はずっと昔から行われてきました。なんとなくの話なら良いのですが、$\mu(n)$ の値は厳密に定まったものであり、でたらめ（ランダム）ではありませんので、そのようなでたらめの議論を信じてはいけません。

　さて、関数を逆数（上下逆）にすると面白いことが起こりそうなことはわかりましたでしょうか。ここでは、次の問題を考えます。

問題10

$$Z(s) = \frac{1}{e^s + e^{-s}}$$

のテイラー展開を求めなさい。

指数関数のテイラー展開

$$e^s = \sum_{n=0}^{\infty} \frac{s^n}{n!}$$

$$= 1 + s + \frac{s^2}{2} + \frac{s^3}{6} + \frac{s^4}{24} + \cdots$$

は良く知られています。したがって、

$$e^s + e^{-s} = 2\sum_{n=0}^{\infty} \frac{s^{2n}}{(2n)!}$$

$$= 2 + s^2 + \frac{s^4}{12} + \cdots$$

となります。これを逆転するのが問題です。

ゼータの観点からしますと、$e^s + e^{-s}$ はこれまでにも何度かでてきたゼータの類似物です。その因数分解は

$$e^s + e^{-s} = 2\prod_{m=0}^{\infty} \left(1 + \left(\frac{s}{\left(m+\frac{1}{2}\right)\pi}\right)^2\right)$$

となって、零点が $\mathrm{Re}(s) = 0$ の上にすべて乗っているだけでな

く、零点の明示式

$$s = \pm\left(m + \frac{1}{2}\right)\pi i \qquad (m = 0, 1, 2, \cdots)$$

もわかります。

10.2 問題攻略

まず、テイラー展開のはじめの方を求めてみましょう。

$$Z(s) = \frac{1}{2+s^2+\frac{s^4}{12}+\cdots}$$
$$= \frac{1}{2\left(1+\left(\frac{s^2}{2}+\frac{s^4}{24}+\cdots\right)\right)}$$

となりますので、

$$Z(s) = \frac{1}{2}\cdot\frac{1}{1+X},\ X = \frac{s^2}{2} + \frac{s^4}{24} + \cdots$$

と書けます。ここで、

$$Z(s) = \frac{1}{2}(1-X+X^2-\cdots)$$

であること（|s| は十分小とし、|X| < 1 が成り立っているところとしておきます）を使って

$$Z(s) = \frac{1}{2}\left\{1-\left(\frac{s^2}{2} + \frac{s^4}{24}+\cdots\right)+\left(\frac{s^2}{2} + \frac{s^4}{24}+\cdots\right)^2-\cdots\right\}$$

$$= \frac{1}{2}\left\{1 - \frac{s^2}{2} + \frac{5}{24}s^4 + \cdots\right\}$$

$$= \frac{1}{2} - \frac{1}{4}s^2 + \frac{5}{48}s^4 + \cdots$$

となります。どんどん計算して行けば、テイラー展開

$$Z(s) = a_0 + a_1 s^2 + a_2 s^4 + \cdots$$

において

$$a_0 = \frac{1}{2},$$

$$a_1 = -\frac{1}{4}$$

$$a_2 = \frac{5}{48},$$

$$\vdots$$

はすべて有理数になることはわかります。一般項はどうなるでしょうか？

　一般項の表示は、いろいろな考え方ができるのですが、ここでは、ゼータからの面白さを優先して、オイラーの考えたゼータ——L関数——を導入して解決を見ておきます（別の方法は後述）。

　オイラーのゼータは

$$L(s) = \sum_{\substack{n \geq 1 \\ 奇数}} (-1)^{\frac{n-1}{2}} n^{-s}$$

$$= \prod_{p:奇素数} \left(1-(-1)^{\frac{p-1}{2}} p^{-s}\right)^{-1}$$

です。

すると、突然ですが、次の形が問題の1つの解決になります。

> 問題10の解決
>
> $$Z(s) = \sum_{n=0}^{\infty} (-1)^n \frac{L(2n+1) 2^{2n+1}}{\pi^{2n+1}} s^{2n}.$$

証明は次の節にまわして、はじめの方の展開を、ちょっと確かめてみましょう。上のことが成立するとすれば

$$Z(s) = \frac{2}{\pi}L(1) - \frac{8}{\pi^3}L(3)s^2 + \frac{32}{\pi^5}L(5)s^4 - \cdots$$

ですので

$$\frac{2}{\pi}L(1) = \frac{1}{2},$$

$$\frac{8}{\pi^3}L(3) = \frac{1}{4},$$

$$\frac{32}{\pi^5}L(5) = \frac{5}{48},$$

つまり

$$L(1) = \frac{\pi}{4},$$

$$L(3) = \frac{\pi^3}{32},$$

$$L(5) = \frac{5\pi^5}{1536}$$

となるはずです。

このうち

$$L(1) = 1 - \frac{1}{3} + \frac{1}{5} - \frac{1}{7} + \cdots = \frac{\pi}{4}$$

は見た人も多いかもしれません（高校の数学）が、実は、1400 年頃にマーダヴァ（インドの数学者）によって証明されています。普通の教科書や数学史では、この等式は 1670 年代にライプニッツとグレゴリーが独立に発見し、優先権をめぐってみにくい争いをしていたことになっています。300 年近く前にインドで解決済みと知らなかったので争ったわけです。数学の進展は予測がつきません。いわゆる欧米の数学者が進んでいるわけでは決してありません。単なる偏見です。

現代なら、マーダヴァの等式は定積分

$$\int_0^1 \frac{dx}{1+x^2}$$

を 2 通りに計算するのがわかりやすい証明法です。まず、

$x = \tan\theta$ と変数変換して積分しますと

$$\int_0^1 \frac{dx}{1+x^2} = \int_0^{\frac{\pi}{4}} \frac{1}{1+\tan^2\theta} \cdot \frac{d\theta}{\cos^2\theta}$$

$$= \int_0^{\frac{\pi}{4}} d\theta = \frac{\pi}{4}$$

と求まります。一方、

$$\int_0^1 \frac{dx}{1+x^2} = \int_0^1 (1-x^2+x^4-x^6+\cdots)\, dx$$

$$= \left[x - \frac{x^3}{3} + \frac{x^5}{5} - \frac{x^7}{7} + \cdots\right]_0^1$$

$$= 1 - \frac{1}{3} + \frac{1}{5} - \frac{1}{7} + \cdots = L(1)$$

です。よって

$$L(1) = \frac{\pi}{4}$$

がわかりました。

なお、無限級数にして計算したところが不安なときには、$N = 0, 1, 2, \cdots$ に対して定積分

$$\mathrm{I}_N = \int_0^1 \frac{1+(-1)^N x^{2N+2}}{1+x^2} dx$$

を考えると問題は起きません。このときは

$$I_N = \int_0^1 (1-x^2+x^4-\cdots+(-1)^N x^{2N})dx$$

$$= \left[x - \frac{x^3}{3} + \frac{x^5}{5} - \cdots + (-1)^N \frac{x^{2N+1}}{2N+1}\right]_0^1$$

$$= 1 - \frac{1}{3} + \frac{1}{5} - \cdots + (-1)^N \frac{1}{2N+1}$$

です。一方、

$$I_N = \int_0^1 \frac{1}{1+x^2} dx + (-1)^N \int_0^1 \frac{x^{2N+2}}{1+x^2} dx$$

$$= \frac{\pi}{4} + (-1)^N \int_0^1 \frac{x^{2N+2}}{1+x^2} dx$$

ですので

$$\left| I_N - \frac{\pi}{4} \right| = \int_0^1 \frac{x^{2N+2}}{1+x^2} dx$$

$$\leqq \int_0^1 x^{2N+2} dx$$

$$= \frac{1}{2N+3}$$

となります。よって

$$\lim_{N\to\infty} \left| I_N - \frac{\pi}{4} \right| = 0,$$

つまり

$$\lim_{N\to\infty} I_N = \frac{\pi}{4}$$

がわかります。したがって

$$\lim_{N\to\infty}\left(1-\frac{1}{3}+\frac{1}{5}-\cdots+(-1)^N\frac{1}{2N+1}\right)=\frac{\pi}{4},$$

つまり

$$L(1)=\frac{\pi}{4}$$

が得られました。

本題に戻りますと、

$$L(3)=1-\frac{1}{3^3}+\frac{1}{5^3}-\frac{1}{7^3}+\cdots=\frac{\pi^3}{32}$$

等は 1735 年にオイラーによって証明されています。

10.3　問題の解決：L 関数による表示

前節の主張

$$Z(s)=\sum_{n=0}^{\infty}(-1)^n\frac{L(2n+1)2^{2n+1}}{\pi^{2n+1}}s^{2n}$$

を証明しましょう。いま、

$$Z(s)=\frac{1}{e^s+e^{-s}}$$

において $s=ix$ とおきなおしてみます。すると

$$Z(s)=\frac{1}{e^{ix}+e^{-ix}}$$

$$= \frac{1}{2\cos x}$$

となります。たぶん、三角関数の方が親しみがあるでしょう。

この先は

$$Z(s) = \frac{1}{2\cos x}$$

$$\stackrel{☆}{=} \frac{1}{4}\cot\left(\frac{x}{2}+\frac{\pi}{4}\right) - \frac{1}{4}\cot\left(\frac{x}{2}+\frac{3\pi}{4}\right)$$

$$\stackrel{☆☆}{=} \frac{1}{4}\sum_{m=-\infty}^{\infty}\left\{\frac{1}{\frac{x}{2}+\left(\frac{1}{4}+m\right)\pi} - \frac{1}{\frac{x}{2}+\left(\frac{3}{4}+m\right)\pi}\right\}$$

$$= \frac{1}{4}\sum_{m=0}^{\infty}\left\{\left(\frac{1}{\frac{x}{2}+\left(\frac{1}{4}+m\right)\pi} - \frac{1}{\frac{x}{2}-\left(\frac{1}{4}+m\right)\pi}\right)\right.$$
$$\left.-\left(\frac{1}{\frac{x}{2}+\left(\frac{3}{4}+m\right)\pi} - \frac{1}{\frac{x}{2}-\left(\frac{3}{4}+m\right)\pi}\right)\right\}$$

$$= \frac{1}{4}\sum_{m=0}^{\infty}\left\{\frac{2\left(\frac{1}{4}+m\right)\pi}{\left(\frac{1}{4}+m\right)^2\pi^2-\frac{x^2}{4}} - \frac{2\left(\frac{3}{4}+m\right)\pi}{\left(\frac{3}{4}+m\right)^2\pi^2-\frac{x^2}{4}}\right\}$$

$$= 2\sum_{m=0}^{\infty}\left\{\frac{(4m+1)\pi}{(4m+1)^2\pi^2-(2x)^2} - \frac{(4m+3)\pi}{(4m+3)^2\pi^2-(2x)^2}\right\}$$

$$= 2\sum_{n=0}^{\infty}\sum_{m=0}^{\infty}\left(\frac{1}{(4m+1)^{2n+1}} - \frac{1}{(4m+3)^{2n+1}}\right)\frac{2^{2n}x^{2n}}{\pi^{2n+1}}$$

$$= 2\sum_{n=0}^{\infty}\frac{L(2n+1)2^{2n}}{\pi^{2n+1}}x^{2n}$$

$$= 2\sum_{n=0}^{\infty}(-1)^n \frac{L(2n+1)2^{2n}}{\pi^{2n+1}}s^{2n}$$

となります。☆と☆☆以外は、ほとんど定義だけの問題ないレベルの変形になっていますので、☆と☆☆を解説すれば良いでしょう。

☆の解説

$$\cot\left(\frac{x}{2}+\frac{\pi}{4}\right)-\cot\left(\frac{x}{2}+\frac{3\pi}{4}\right)$$

$$=\cot\left(\frac{x}{2}+\frac{\pi}{4}\right)+\tan\left(\frac{x}{2}+\frac{\pi}{4}\right)$$

$$=\frac{\cos\left(\frac{x}{2}+\frac{\pi}{4}\right)}{\sin\left(\frac{x}{2}+\frac{\pi}{4}\right)}+\frac{\sin\left(\frac{x}{2}+\frac{\pi}{4}\right)}{\cos\left(\frac{x}{2}+\frac{\pi}{4}\right)}$$

$$=\frac{1}{\sin\left(\frac{x}{2}+\frac{\pi}{4}\right)\cos\left(\frac{x}{2}+\frac{\pi}{4}\right)}$$

$$=\frac{2}{\sin\left(x+\frac{\pi}{2}\right)}=\frac{2}{\cos x}.$$

☆☆の解説

$$\cot x = \frac{1}{x}+\sum_{n=1}^{\infty}\left(\frac{1}{x+n\pi}+\frac{1}{x-n\pi}\right)$$

を用いればよい。なお、この等式は第3章に出てきたオイラーの等式

$$\sin x = x \prod_{n=1}^{\infty} \left(1 - \frac{x^2}{n^2\pi^2}\right)$$

の対数微分（対数をとって微分すること）になっています。

10.4　別の解決：オイラー数

問題の別の解決はオイラーによって得られています。それは、オイラー数 $E_{2n}(n=0,1,2,\cdots)$ を

$$Z(s) = \frac{1}{2} \sum_{n=0}^{\infty} \frac{(-1)^n E_{2n}}{(2n)!} s^{2n}$$

と定義する方法です。テイラー展開そのものとも言えます。なお、奇数番号のオイラー数を使いたいときは、0 と定義します。

このとき、

$$E_0 = 1,\ E_2 = 1,\ E_4 = 5, \cdots$$

は整数であり、$n=1,2,3,\cdots$ に対して漸化式

$$E_{2n} = (-1)^{n-1} \sum_{k=0}^{n-1} (-1)^k \binom{2n}{2k} E_{2k}$$

をみたします。ここで

$$\binom{2n}{2k} = {}_{2n}C_{2k} = \frac{(2n)!}{(2k)!(2n-2k)!}$$

は2項係数です。たとえば、

$$E_2 = \binom{2}{0}E_0 = 1,$$

$$E_4 = -\left\{\binom{4}{0}E_0 - \binom{4}{2}E_2\right\}$$

$$= -\{1 - 6\}$$

$$= 5,$$

$$E_6 = \binom{6}{0}E_0 - \binom{6}{2}E_2 + \binom{6}{4}E_4$$

$$= 1 \cdot 1 - 15 \cdot 1 + 15 \cdot 5$$

$$= 61$$

となります。

漸化式の証明は簡単です。2つの表示

$$Z(s) = \frac{1}{2}\sum_{n=0}^{\infty} \frac{(-1)^n E_{2n}}{(2n)!} s^{2n},$$

$$\frac{1}{Z(s)} = e^s + e^{-s} = 2\sum_{n=0}^{\infty} \frac{1}{(2n)!} s^{2n}$$

を掛けると

$$1 = \left(\sum_{k=0}^{\infty} \frac{(-1)^k E_{2k}}{(2k)!} s^{2k}\right)\left(\sum_{l=0}^{\infty} \frac{1}{(2\ell)!} s^{2l}\right)$$

$$= \sum_{k,l \geq 0}^{\infty} \frac{(-1)^k E_{2k}}{(2k)!\,(2\ell)!} s^{2k+2l}$$

$$= \sum_{n=0}^{\infty} \left(\sum_{k=0}^{n} (-1)^k \frac{E_{2k}}{(2k)!(2n-2k)!} \right) s^{2n}$$

となりますので、$n \geq 1$ のときは

$$\sum_{k=0}^{n} (-1)^k \frac{E_{2k}}{(2k)!(2n-2k)!} = 0$$

が成り立ちます。つまり、

$$\frac{E_{2n}}{(2n)!} = (-1)^{n-1} \sum_{k=0}^{n-1} (-1)^k \frac{E_{2k}}{(2k)!(2n-2k)!}$$

となり、両辺に $(2n)!$ を掛けると

$$E_{2n} = (-1)^{n-1} \sum_{k=0}^{n-1} (-1)^k \binom{2n}{2k} E_{2k}$$

という漸化式が得られました。ここで、逆転したことがうまく働いていることに注目してください。いろいろな機会に逆転させて物事を考えることが大切です。とくに、日本のような伝統的社会にいて新しいことを発見するためには。

最後に、前節で証明されたテイラー展開とオイラー数によるテイラー展開とを合わせて

$$L(2n+1) = \frac{E_{2n}}{(2n)! \, 2^{2n+2}} \pi^{2n+1} \qquad (n = 0, 1, 2, \cdots)$$

という公式が得られることに注意しておきます。これは、ベルヌイ数 $B_n(n=0,1,2,\cdots)$ を

$$\frac{x}{e^x - 1} = \sum_{n=0}^{\infty} \frac{B_n}{n!} x^n$$

によって定めた状況と似ています。このときは、$n=1,2,3,\cdots$に対して

$$\zeta(2n) = (-1)^{n-1} \frac{2^{2n-1}B_{2n}}{(2n)!} \pi^{2n}$$

が成り立ちます。$L(2n+1)$の公式も$\zeta(2n)$の公式も、どちらもオイラー（1735年）の得たものです。なお、$L(s)$を解析接続したときに

$$L(-1) = L(-3) = L(-5) = \cdots = 0$$

です。つまり、$L(s)$は$s=-1,-3,-5,\cdots$を零点に持っているのです。このことも、

$$\zeta(-2) = \zeta(-4) = \zeta(-6) = \cdots = 0$$

と並行しています。

　一言だけ$L(-1)=0$などの証明に触れておきましょう。第2章や第3章で$\zeta(s)$に対して行ったことを$L(s)$にすると良いのですが、第2章2.5節で解析接続した

$$\zeta(s,x) = \sum_{n=0}^{\infty} (n+x)^{-s}$$

がありましたので、これを使うことにしましょう。

　まず、

$$L(s) = \sum_{n=0}^{\infty} (4n+1)^{-s} - \sum_{n=0}^{\infty} (4n+3)^{-s}$$

$$= 4^{-s}\left\{\sum_{n=0}^{\infty}\left(n+\frac{1}{4}\right)^{-s} - \sum_{n=0}^{\infty}\left(n+\frac{3}{4}\right)^{-s}\right\}$$

$$= 4^{-s}\left\{\zeta\left(s,\frac{1}{4}\right) - \zeta\left(s,\frac{3}{4}\right)\right\}$$

ですので、$\zeta(s,x)$ の解析接続によって、$L(s)$ はすべての複素数 s へと解析接続されています。したがって、

$$L(0) = \zeta\left(0,\frac{1}{4}\right) - \zeta\left(0,\frac{3}{4}\right),$$

$$L(-1) = 4\left\{\zeta\left(-1,\frac{1}{4}\right) - \zeta\left(-1,\frac{3}{4}\right)\right\}$$

となります。

ここで、第 2 章の計算により、

$$\zeta(0,x) = \frac{1}{2} - x,$$

$$\zeta(-1,x) = -\frac{1}{12} + \frac{x}{2} - \frac{x^2}{2}$$

$$= -\frac{1}{12} + \frac{1}{2}x(1-x)$$

ですので、

$$L(0) = \left(\frac{1}{2} - \frac{1}{4}\right) - \left(\frac{1}{2} - \frac{3}{4}\right)$$

$$= \frac{1}{2},$$

$$L(-1) = 4\left\{\left(-\frac{1}{12} + \frac{1}{2} \cdot \frac{1}{4} \cdot \frac{3}{4}\right) - \left(-\frac{1}{12} + \frac{1}{2} \cdot \frac{3}{4} \cdot \frac{1}{4}\right)\right\}$$
$$= 0$$

とわかります。なお、$L(-1) = 0$ の計算では同じものを引いているので 0 になっています。このようなときに内部を計算して

$$L(-1) = 4\left\{\frac{1}{96} - \frac{1}{96}\right\}$$

とするのは必要のないことです。$L(-1) = 0$ となるのは、上の表示では、

$$\zeta(-1, x) = \zeta(-1, 1-x)$$

とくに

$$\zeta\left(-1, \frac{1}{4}\right) = \zeta\left(-1, \frac{3}{4}\right)$$

が成り立っていることが本質的です。本質を見失わないようにしましょう。

付録　数学研究法

数学の研究には、きちんとした道すじがあります。それは、次の3段階からなります。

（1）研究テーマ・問題を計画する。
（2）研究を実行する。
（3）研究成果を発表する。

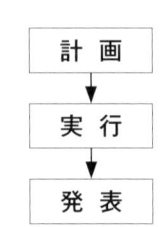

```
計　画
　↓
実　行
　↓
発　表
```

　一見すると、（2）の「研究実行」だけが数学研究と勘違いしてしまう人が多いのです——それは「数学専門家」と言われたりしている人でも——が、全く違います。順番に説明しましょう。基本的には、時間も3等分して（1）（2）（3）の各段階に使う、と考えてください。

（1）研究テーマ・問題を計画する

　何を研究するかを具体的に決め計画することです。問題や予想なら、何をやるかを決めることです。問題としては、もちろん未解決問題でなければいけません。研究の練習ならば解決済の問題を調べてみるのは良いことですが、本来の研究ではありません。

　問題の見つけ方ですが、これは数学の本や論文を読んで未解決であることがはっきりしているものが良いでしょう。学校の数学では、解決済の問題がほとんどでしょうから、「問題」に対する考え

方から変えなければいけません。研究問題とは、誰も答を知らない問題のことです。

問題は自分で作ったものでも良いのですが、価値ある問題でないと、解決したとしても意味が薄く、時間の無駄になってしまいます。研究の初期には、定評のある未解決問題をおすすめします。数学の歴史を良く調べ、数学の過去・現在・未来を良く知ることも、問題設定に大切なことです。

（2）研究を実行する

文字通り、研究を行うのです。問題に対して攻略法を考え、計算をし、実例をたしかめ、成り立ちそうな定理を設定して証明するのです。

問題を研究しているうちに、新しい問題の設定に行きついたり、別の一般化を考えることなども、この段階に入ります。問題解決を目指して、問題をどんどん変化させることは数学研究ではよくあることです。リーマン予想の研究史でもよく起っていますので、次の本を参考にしてください：

黒川信重『**リーマン予想の150年**』岩波書店，2009年．

問題解決に行きづまることは、しばしばありますので、そのようなときは、気分を変えて別の問題をやりましょう。ケセラセラ（なるようになるさ）と明るく考えていることが大切です。問題解決の万能法が発見されていない現代では、そういうことになります。

（3）研究成果を発表する

　これは、忘れられることの多いプロセスです。（1）と（2）をやっただけでは、数学研究は完結しません。研究成果を発表することが必要です。基本的には「査読付きの数学専門誌」に発表することです。どこかの集りで「発表」したり、ウェブページに置いたりしただけのものは充分ではありません。

　ポアンカレ予想を解いたと言われているペレルマンの「発表」は不充分なもので、とても悪い見本を残してしまいました。それをOKとして扱ったフィールズ賞委員会も数学七大問題委員会も問題です。そのような、「数学研究」を良く理解していない人たちのことは見習ってはいけません。

　さきほど、「査読付き数学専門誌」と言ったものは、数学専門の雑誌であって、論文内容を判断する査読者（レフェリー）がきちんとしているものです。どんな論文も掲載するようなものではいけません。

　研究発表のプロセスは、次のようになります。

①しっかりとした雑誌に論文を投稿する。
②その論文が編集者によって査読者にまわる。
③査読後（査読は最短でも数ヶ月かかるのが普通で、長いときは数年）に編集者から論文の掲載についての判定が著者に連絡される。その判定は、次の3つ。

　　判定（a）そのまま掲載する（受理：accept）。
　　判定（b）受理の可能性はあるが疑問点などについての修整意

　　　　　見が付いているもの。
　判定（c）不受理（reject）の通告。
④・(a) なら、あとは論文が印刷にまわって出版される（さらに数ヶ月以上後）。
・(b) なら、論文を修整して再提出となるが、それで受理されるとは限らない。「修整要求」を充たしていないと言われて、再々提出となる場合もあるし、最終的に不受理となる場合もある。
・(c) なら、論文をその雑誌に出すことはあきらめて、別のこと（別の雑誌投稿を検討したり、論文自体を破棄したり）を考えることになる。

　このように時間が経過して、数学研究が完了するまでには数年かかることは普通です。中には数十年かかることもあります。論文がどこにも発表できないことも、しばしばあることです。もちろん、人間のやることですから、論文内容が良く理解されずに不受理となることもありますので、まあ、気長に考えることです。いずれにしもて、数学研究は楽しいものです。

あとがき

ゼータや数力について零点と極の話と計算に慣れてこられたことと思います。本書で練習した問題解決の考え方が数学だけではなく、人生でも役立つことを期待しています。

本書は、技術評論社編集部の成田恭実さんのアイディアで実現しました。前著の

黒川『リーマン予想の探求：ABCからZまで』技術評論社、2012年12月

は私の講義（2012年5月）を成田さんに聞いていただき、まとめてくださったものでした。その際に収載できなかった計算など多量の素材を統合して、演習書として活用できるような本を、という提案をしてくださいました。

成田さんは、対談本

黒川・小島『21世紀の新しい数学：絶対数学、リーマン予想、そしてこれからの数学』技術評論社、2013年8月

も企画されました。深く感謝いたします。

本書が前二書とともに、数学の探求へ乗り出される方のハンドブックになることを祈っています。

2014年2月4日　　　　　　　　　　　　　　　　　　　　黒川信重

索引

■ あ行

アーベル ……………………………… 11
アダマール …………………………… 83
1元体 ………………………………… 95
因数定理 ……………………………… 16
因数分解 ……………………………… 8
オイラー ……………………………… 24
オイラー数 ………………………… 226
オイラー積分解 ……………………… 8
オイラーのゼータ ……… 106, 208, 218

■ か行

解析接続 ……………………………… 22
解析接続の一意性 …………………… 60
ガウスの定理 ………………………… 10
カシミール力 ………………………… 24
ガロア ………………………………… 11
関手性 ……………………………… 101
関数等式 ……………………………… 65
完全数 ……………………………… 197
ガンマ関数 …………………………… 61
逆関数 ……………………………… 134
逆写像 ……………………………… 141
逆数力 ……………………………… 146
q類似 ………………… 129, 158, 196
極 ……………………………………… 19
虚数の零点 ………………………… 184
クリスタル完全数 ………………… 203
黒川テンソル積 ……………………… 85
グロタンディーク ……………… 83, 95
結晶完全数 ………………………… 203
原子論 ………………………………… 9
合同ゼータ …………………………… 92
合同ゼータのリーマン予想 ………… 83
コッホ ………………………………… 69
古典化 …………………………… 105, 154

■ さ行

三角関数 ……………………………… 12
3角数 ………………………………… 40
弱スチルチェス予想 ……………… 215
深リーマン予想 ……………………… 13
水晶完全数 ………………………… 203
数力 …………………………… 15, 112
スキーム ……………………………… 92
スターリングの公式 ………………… 26
スチルチェス ……………………… 213
スチルチェス予想 ………………… 213
整数零点 …………………………… 166
ゼータの零点 ………………………… 8
絶対ゼータ …………………………… 95
絶対テンソル積 ……………………… 85
セルバーグゼータのリーマン予想 … 83
0-完全数 …………………………… 203
素因数分解 …………………………… 8
素数定理 ……………………………… 82
存在定理 ……………………………… 11

■ た行

代数学の基本定理 …………………… 10

代数的集合 …………………… 92
多価関数 …………………… 142
多角数 ………………………… 40
多項式版 …………………… 173
多重ガンマ …………………… 99
多重三角関数 ………………… 99
超弦理論 ……………………… 24
テータ変換公式 ……………… 63
デモクリトス ………………… 9
ド・ラ・ヴァレ・プーサン … 83
ドリーニュ ……………… 84, 95

■ な行
2項展開 ……………………… 30
2進表記 …………………… 171

■ は行
バーチ・スウィンナートンダイヤー予想 … 109
ハーディ ……………………… 82
p 元体 ………………………… 89
p-数力 ……………………… 127
非可換類体論予想 …………… 102
ピタゴラス学派 ……………… 9
表現 ………………………… 102
プランク定数 ……………… 154
ベルヌイ数 ………………… 228
保型形式 ……………………… 64

■ ま行
マーダヴァ ………………… 220
無限積表示 …………………… 79

メビウス関数 …………… 68, 212
メルセンヌ素数 …………… 200
メルテンスの定理 ………… 108

■ や行
有限体 ………………………… 93

■ ら行
ラングランズ ……………… 102
ラングランズ予想 ………… 102
リーマン ……………………… 12
リーマンゼータ ……………… 22
リーマンの積分表示 ………… 77
リーマン予想 ………………… 8
量子化 ……………… 104, 196
零点 …………………………… 16

リーマン予想を解こう
～新ゼータと因数分解からのアプローチ～

2014年3月25日　初版　第1刷発行

著　者　黒川　信重（くろかわ のぶしげ）

発行者　片岡　巌

発行所　株式会社技術評論社
　　　　東京都新宿区市谷左内町21-13
　　　　電話　03-3513-6150　販売促進部
　　　　　　　03-3267-2270　書籍編集部

印刷／製本　株式会社加藤文明社

定価はカバーに表示してあります。

本の一部または全部を著作権の定める範囲を超え、無断で複写、複製、転載、テープ化、あるいはファイルに落とすことを禁じます。

©2014　KUROKAWA Nobushige

造本には細心の注意を払っておりますが、万一、乱丁（ページの乱れ）や落丁（ページの抜け）がございましたら、小社販売促進部までお送りください。送料小社負担にてお取り替えいたします。

- ●ブックデザイン　大森裕二
- ●本文DTP　株式会社 森の印刷屋

ISBN978-4-7741-6303-1　C0041
Printed in Japan